Die Kostenberechnung der Bautischlerarbeiten

Von

Ing. Fred Schrom und **Ing. Franz Thiel**

Tischlermeister Tischlermeister

Mit 56 Textabbildungen

Wien

Verlag von Julius Springer

1930

ISBN-13:978-3-211-80000-3   e-ISBN-13:978-3-7091-7696-2
DOI: 10.1007/978-3-7091-7696-2

Vorwort

Eine Wirtschaftsnot, wie sie noch keiner von uns erlebt, keiner geahnt, die sich fast von Monat zu Monat verschärft, hat unser Wirtschaftsleben erfaßt. Industrie und Gewerbe, mit dem einst sprichwörtlichen goldenen Boden liegen vollständig darnieder und im Zusammenhang damit ist eine vollständig zügellose Preisbildung eingetreten. Preisunterschiede bis zum doppelten Betrag des billigsten Anbotes sind keine Seltenheit.

Es ist klar, daß solche Anbotsergebnisse den Eindruck der Unfähigkeit oder Bequemlichkeit erwecken müssen. Von einzelnen gewerblichen und industriellen Körperschaften wurden bereits verschiedene Vorschläge zur Verbesserung des Anbotwesens gemacht, bisnun aber ohne sichtbaren Erfolg.

Die Ursache der allgemein-mißlichen Wirtschaftslage zu erörtern ist hier weder Raum noch Zeit — auch können wir im allgemeinen nichts tun, um ihr Einhalt zu bieten, da ihr Hauptgrund auf politischem Gebiet zu suchen ist. Aber eines können wir tun, ihre Auswirkung auf uns mildern, indem wir Maßnahmen ergreifen, um der Preisanarchie zu steuern.

Welche Umstände sind nun deren Ursache?

1. Neid und Mißgunst unter den Unternehmern, teilweise infolge des beschränkten Absatzgebietes und der Überzahl an Betrieben.

2. Unfähigkeit des Meisters bzw. Unternehmers, richtig zu berechnen, bei oft bester manueller Ausbildung.

3. Bequemlichkeit und Mangel an Verantwortungsgefühl, so daß oft Preise nur geschätzt, und zwar schlecht geschätzt werden.

4. Mangel an Zeit zur Detailberechnung.

5. Das Fehlen genauer Aufzeichnungen über die Zeitdauer für die Herstellung eines Arbeitsstückes, bzw. mangelhafte Stückpreise; für die Abschätzung der Arbeitszeit für bisher nicht erzeugte Stücke eine absichtlich nachlässige Einstellung („Es wird schon ausgehen!“).

6. Das Fehlen einer genauen, technisch richtigen Buchhaltung und daher Unmöglichkeit der Errechnung des richtigen Unkostenzuschlages.

Die erste und wichtigste Waffe im Kampf gegen die Preisanarchie ist die richtige Kalkulation. Dieses Buch soll nun hiefür die nötigen Anhaltspunkte liefern und soll vor allem die mühselige Arbeit der Ermittlung von Holz und Lohn für die meist vorkommenden Bautischlerarbeiten ersparen. Demgemäß hat dieses Buch eine Dreiteilung erfahren:

1. Der allgemeine Teil mit Besprechungen über Kalkulationsarten, Unkostenzusammenstellungen und Angabe der Richtlinien für die im zweiten Teil folgenden Berechnungen.

2. Die Berechnung verschiedener Bautischlerarbeiten.

3. Das Preisbuch.

Um die Berechnungen des zweiten Teiles nicht bei eintretenden Änderungen wertlos werden zu lassen, haben wir allgemein gültige Annahmen gemacht, die später erörtert werden. An dieser Stelle fühlen wir uns verpflichtet, Herrn Karl Barth, Ges. der Firma Ressek, Barth & Görl, für seine Mitarbeit und seine wertvollen Ratschläge den wärmsten Dank auszusprechen.

Zum Schlusse bitten wir alle Leser und Benützer dieses Buches, uns sowohl vorgefundene Fehler, aber auch ihre Ansichten, wenn sie mit der hier gedruckten im Widerspruche stehen sollten, mitzuteilen und so mitzuhelfen an einer Verbesserung und Vervollkommnung, die schließlich doch nur wieder der Allgemeinheit zugute kommt.

Wien, im März 1930.

Die Verfasser

Inhaltsverzeichnis

Erster Teil: Preisermittlungsbuch

Zweiter Teil: Preisbuch

Erläuterungen

Berichtigungen

Seite 91, Nr. 2, Kolonne Rahmenstock lies **8.84** statt 8.68
Seite 91, Nr. 3, Kolonne Rahmenstock lies **10.30** statt 9.99
Seite 92, Nr. 22, Kolonne Pfostenstock a lies **21.31** statt 22.02
Seite 92, Nr. 23, Kolonne Pfostenstock a lies **24.11** statt 25.53

Preisermittlungsbuch

A. Grundlagen für die Preisermittlung

Allgemeines

Wir behandeln im folgenden nur reine Tischlerarbeiten. Sollten auch andere Professionistenarbeiten vom Tischler ausgeführt werden, so empfiehlt es sich, die bezüglichen Rohstoffposten und Löhne nicht mit jenen für Tischlerarbeiten zu verquicken, sondern die einzelnen Professionistenselbstkosten zuzufügen und den Gewinnzuschlag von der Gesamtsumme zu nehmen.

Um eine richtige Preisermittlung zu ermöglichen, müssen wir uns klar werden, auf welchen Grundlagen dieselbe aufzubauen ist und wie wir diese am besten erfassen.

Ein Verkaufspreis setzt sich zusammen aus

I. den Selbstkosten,
II. einem Gewinnzuschlag.

I. Die Selbstkosten

teilen sich in

1. Rohstoffkosten,
2. Arbeitslöhne,
3. Unkosten (Regien).

1. Die Rohstoffkosten

bestehen aus dem Preis für das notwendige Holz (wobei der Preis für auf den Werkplatz gestelltes trockenes, dem Zweck entsprechendes Holz einzusetzen ist), für Fourniere, allenfalls für Beschläge, Wellstäbe, Intarsien, Beizen, Polituren und Schrauben, nicht aber Nägel, Glaspapier, Leim u. dgl. (welche in Erzeugungsunkosten zusammengefaßt werden, da die Kosten hiefür im Einzelfalle schwer oder nur sehr zeitraubend zu erfassen sind). Nur bei Arbeiten, bei denen gewisse Hilfsstoffe (Kleinmaterialien) eine größere Rolle spielen (z. B. Leim bei fournierten Arbeiten) ist hiefür ein entsprechender Zuschlag zu machen. Man kann annehmen, daß man mit 1 kg rohem Leim 3 bis 4 m² fournieren kann.

Kauft der Tischler das Holz direkt im Sägewerk, so sind zu dem Einkaufspreise noch die Kosten für Einkaufsspesen, Fracht, Ab- und Aufladespesen, Zufuhr zum Holzplatz, Spandeln (Stapeln) zwecks Trocknung, Trocknungsverlust, Zinsenverlust durch Kapitalbindung bis zur vollständigen Trocknung, usw. zuzuschlagen und die errechnete Holzmenge mit diesem Preise zu vervielfachen.

Die Holzkosten ermittelt man aus der genau aufzustellenden Rohholzliste, zuzüglich eines Verschnittzuschlages. Die Rohholzliste umfaßt sämtliche Teile des zu veranschlagenden Werkstückes nach den im Holzhandel erhältlichen Querschnitten in d e r Länge, wie es das Zuschneiden erfordert, d. h. samt Zugabe für Zapfen, Überplattungen, Gehrungen usw. und eines erfahrungsmäßig nötigen Übermaßes.

Der Verschnitt ergibt sich durch Verwendung von Holz, welches nicht dem genauen Rohholzquerschnitt entspricht (weil solches oft nicht erhältlich), durch Abfall der Bretterenden, welche in der Regel abgesprungen und gerissen sind, durch Besäumen, durch Abfall von Splint, Kern, Ausfall von Aststellen, kranken und schlechten Stellen usw. Der Verschnitt ist bei schmalen Flächen größer als bei breiten und wird um so größer, je höhere Ansprüche an die Reinheit der Arbeit gestellt werden. Wird entsprechend reineres, daher teureres Holz verwendet, so wird der Verschnitt geringer sein. Es ist oft schwer, den Verschnitt im vorhinein zu berechnen. Man kann in der Regel nur Erfahrungswerte annehmen. Daher empfiehlt es sich stets, das zu verwendende Holz für jeden Einzelfall vorzugeben und aufzuschreiben, nachträglich den ganzen Verschnitt zu ermitteln und diese Werte vorzumerken, weil die so angestellten Vergleiche zugleich ein gutes Bild über die Genauigkeit und Verläßlichkeit des Zuschneiders ergeben. Ein tüchtiger Zuschneider kann einem Betriebe sehr viel ersparen, ein unverläßlicher hingegen sehr bedeutende Mehrkosten verursachen.

Erfahrungswerte aus der Praxis über Schnittverluste sind:

> bei **Weichholz** ..... 15 bis 25 v. H.,
> „ **Hartholz** .... 25 „ 40 v. H.,
> „ **Eichenholz** ..... 30 „ 70 v. H., sogar bis 100 v. H.,
> „ **Fournieren** ..... 30 „ 50 v. H.

2. Arbeitslöhne

Während sich die Rohstoffkosten rechnerisch genau ermitteln lassen, gehört zur Errechnung der Arbeitslöhne eine große Erfahrung. Sie werden nach der Zeitdauer der Arbeitsleistung oder nach bekannten oder zu vereinbarenden Stückpreisen gerechnet. Die Löhne teilt man in **schaffende Löhne** (Produktivlöhne) und in **ertragslose** (unproduktive) **Löhne**.

Die schaffenden Löhne gliedern sich nun in

> **Löhne für die Arbeit an der Hobelbank** (Banklohn),
> „   „   „   „   „   „ **Maschine,**
> „   „   „   „   „   „ **Baustelle** (Anarbeiten).

Diese einzelnen Löhne sind oft sehr schwer zu ermitteln, da sie für dieselbe Arbeit bei verschiedenen Arbeitern verschieden, ja oft beim selben Arbeiter für die gleiche Arbeit nicht gleich sind und sehr von der herzustellenden Stückanzahl abhängen. So kann die Maschinenarbeit, um nur ein Beispiel herauszugreifen, bei Herstellung einer großen Anzahl von Arbeitsstücken 50 v. H. des Banklohnes betragen und bei Herstellung eines einzelnen Stückes auf 200 v. H. und mehr kommen, also viel teurer sein, als die Herstellung dieser Arbeit ganz von der Hand. Vorteilhaft wird daher in der Regel die Maschinenarbeit nur bei Herstellung mehrerer Stücke sein, da das Einstellen einer Maschine oft mit einem bedeutenden Zeitverlust verbunden ist. Dieser Zeitverlust, sowie der für Messerschärfen u. dgl. sind in die Kosten der Maschinenarbeit einzurechnen, hingegen gehören alle Auslagen für Kraftverbrauch, Instandhaltung, Schmiermittel, Wertverminderung (Amortisation) der Maschinen und ähnliches in die Unkosten.

Noch viel schärfer zeigt sich der Unterschied in den Lohnkosten bei Herstellung von einzelnen oder vielen Stücken bei der Arbeit am Bau, da hiebei noch Wegzeit, das Zurechtfinden am Bau und ähnliches in Frage kommt. So z. B. wird das Einpassen eines einzelnen oder weniger Fensterflügel oder das Legen von wenigen Quadratmetern eines Bodens ein Vielfaches der Normalkosten verursachen.

Wir haben bei Festsetzung der Arbeitslöhne nicht die Zeitdauer der Herstellung errechnet und mit dem jeweiligen Lohnsatz vervielfacht, sondern Stücklöhne angenommen, wobei mit einem Überverdienst gerechnet wurde.

Näheres siehe die Erläuterungen zu den Hilfstafeln.

Unter Punkt 2 der Selbstkosten gehören nur die reinen schaffenden Löhne, (Produktivlöhne) d. s. Löhne für solche Arbeiten, die am Werkstück selbst verrichtet werden oder in unmittelbarem Zusammenhang mit der Herstellung des Werkstückes stehen. Nun ist zwar die Tätigkeit des Zuschneiders und Zureißers eine vorbereitende Arbeit am Werkstück und sicherlich als schaffende Arbeit zu werten, wird auch in manchen Betrieben in den Produktivarbeitslohn eingerechnet, doch haben wir uns aus zweckdienlichen Gründen entschlossen, diese Löhne unter die ertragslosen Löhne, also unter die Unkosten, Punkt 3, zu reihen. Zuschneider- und Zureißerlohn bilden bei Herstellung mehrerer Stücke gleicher Art — und nur um solche Erzeugung handelt es sich bei den folgenden Preisberechnungen — einen Hundertsatz des Werkstättenlohnes und können daher in dieser Form den Unkosten zugeschlagen werden. Die Ermittlung des reinen Arbeitslohnes wird dadurch einfacher.

Dagegen ist es üblich, gewisse ertragslose Arbeiten, wie Schärfen der Werkzeuge, Herrichten derselben, Einstellen der Maschinen in die schaffenden Löhne einzurechnen.

3. Die Unkosten

Unter Unkosten verstehen wir alle jene Ausgaben, welche zur Führung eines Betriebes notwendig sind und sich nicht auf Rohstoffe, Löhne oder Neuanschaffungen beziehen.

Rohstoff- und Lohnkosten sind, wie aus dem Vorhergehenden ersichtlich ist, mehr oder weniger schwer, jedoch ziemlich genau zu ermitteln. Die Unkosten, die auf jedes einzelne Arbeitsstück entfallen, anzugeben, ist jedoch unmöglich. Sie können nur im Gesamten ermittelt werden. Es ist dies nicht so schwierig, wenn eine genaue Buchführung vorliegt.

Die Unkosten jedes einzelnen Betriebes werden natürlich je nach Umfang, Anordnung, Betriebskapital, Beschäftigungsgrad usw. verschieden sein, doch lassen sich wohl allgemein gültige Sätze für ähnliche Betriebe mit denselben örtlichen Verhältnissen angeben.

Wie sind nun die Unkosten beim Tischler auf das einzelne Arbeitsstück aufzuteilen?

Wir kennen hiezu zwei Möglichkeiten:

a) Die Festlegung auf Rohstoff- und Lohnkosten,
b) die Festlegung nur auf die Löhne.

Die erste Art wird für Betriebe mit jährlich ziemlich gleichbleibenden Werkstoffverbrauch (Serienfabriken), sowie für Betriebe mit bedeutend größeren Werkstoff- als Lohnkosten die richtigere sein. Für den Tischler kommt in der Regel nur die zweite Art, die Festlegung auf die schaffenden Löhne in Frage, da sein Rohstoffverbrauch von Jahr zu Jahr schwankt, schwerer zu erfassen ist, und außerdem oft reine Lohnarbeiten ausgeführt werden. Bei außergewöhnlichen Arbeiten, bei denen die Rohstoffkosten bedeutend größer sind als die Löhne, ist selbstredend ein Zuschlag auf den Wert der Werkstoffe zu machen. Wir denken hiebei an die Lieferung von Baustoffen, die keinem Veredlungsverfahren in der Werkstätte unterworfen sind, z. B. Lieferung eines rauhen Ladenbodens.

Wir wollen nun zwei Beispiele anführen, aus denen die verschiedene Auswirkung der beiden Unkostenverrechnungsarten ersichtlich ist:

Ein Betrieb beschäftige 5 Arbeiter und bezahle für diese in einem Jahre an Löhnen S 19000.—. Seine Ausgaben für verbrauchte Rohstoffe betrügen S 18000.— und die für die Geschäftsunkosten S 19000.—.

Unkosten, auf den Lohn bezogen, sind:

$$19\,000 : \frac{19\,000}{100} = 100 \text{ v. H.}$$

Auf Lohn und Rohstoffe zusammen bezogen, wären sie

$$37\,000 : \frac{19\,000}{100} = 51{,}6 \text{ v. H.}$$

Im nächsten Jahre hätte derselbe Betrieb bezahlt

für Löhne ..... S 19000.—,
für Rohstoffe .. S 9000.— (infolge Ausführung vieler Lohnarbeiten),
für Unkosten .. S 19000.—,
die Unkosten betrügen also auf den Lohn bezogen wieder

$$19\,000 : \frac{19\,000}{100} = 100 \text{ v. H.}$$

auf Lohn und Rohstoffe zusammen bezogen

$$27\,000 : \frac{19\,000}{100} = 68 \text{ v. H.}$$

Würde nun der Betrieb sein Kalkül auf der ersten Formel aufbauen, so würde eine Ware im ersten Jahre beispielsweise kosten:

Rohstoffe	10.—
Löhne	12.—
Unkosten 51,6 v. H. von Rohstoffe plus Löhne, zusammen	11.35
Gestehungskosten	33.35
15 v. H. Gewinnzuschlag	5.—
Verkaufspreis	**38.35**

Das heißt, bei einem Verkaufspreis von 38.35 würde der Unternehmer einen Bruttoverdienst von 15 v. H. haben.

Im nächsten Jahre würde er dieselbe Ware um denselben Preis verkaufen, da er ja mit dem gleichen Unkostenzuschlag wie im Vorjahr rechnen müßte; die Höhe der Unkosten des laufenden Jahres ist ihm noch nicht bekannt und daher kann er nur mit dem vorjährigen Ergebnis rechnen. Während er aber im Vorjahre hiebei 15 v. H. Bruttoverdienst hatte, würde er im laufenden Jahre nur einen solchen von 3,8 v. H. verdienen, da seine Kalkulation richtig für dieses Jahr so lauten müßte:

```
Rohstoffe...................................... 10.—
Löhne.......................................... 12.—
Unkosten 68 v. H. von Rohstoffe plus Löhne  14.96
Gestehungskosten ......................... 36.96
15 v. H. Gewinnzuschlag .................. 5.55

demnach wäre richtiger Verkaufspreis ....... 42.51
```

Da er nur um 38.35 verkauft hat, seine Selbstkosten aber 36.96 betragen, bleiben bloß 1,39, gleich 3,8 v. H. des Selbstkostenbetrages.

Wenn wir annehmen, daß im dritten Jahre wieder die Verhältnisse dieselben wären, wie im ersten, und der Betriebsinhaber mit dem Unkostensatz des Vorjahres, d. i. 68 v. H. rechnen würde, würde er einen unangemessen hohen Gewinn erzielen oder konkurrenzunfähig sein.

Rechnet er hingegen nach der zweiten Formel (Unkostenzuschlag bezogen auf den Lohn allein), so ist das Ergebnis für alle drei Jahre das gleiche, da die Höhe der Löhne und Unkosten ja gleich hoch waren.

Wir wollen nun im einzelnen betrachten, was alles in die Unkosten zu rechnen ist und in der nachfolgenden Besprechung gleichzeitig ein Beispiel für die Kontierung der Buchhaltung eines mittleren Tischlereibetriebes geben. Die Anordnung kann natürlich nach Bedarf erweitert oder zusammengezogen werden.

Wir wollen die Besprechung nach den einzelnen Kontis vornehmen:

a) Ertragslose (unproduktive) Löhne sind Löhne für Zuschneider, Zureißer (siehe Bemerkungen unter 2), Hilfsarbeiter, Werkführer, Beamte, Maschinen-, Werkzeuginstandhaltung usw., sowie für den Betriebsinhaber, bzw. Meister für seine Tätigkeit im Betrieb, soferne dieselbe nicht eine manuelle ist, und in diesem Falle unter schaffender Lohn (Produktivlohn) gebucht werden müßte.

b) Allgemeine Spesen sind Ausgaben für: Post, Fernsprecher, Schreib- und Zeichenerfordernisse, Geschäftsbücher, Beheizung, Beleuchtung und Reinigung der Betriebs- und Kanzleiräume, Feuer-, Haftpflicht- und Einbruchversicherungen, Fachzeitschriften, Mitgliedsbeiträge für Genossenschaft und Fachverbände, Gerichts- und Anwaltspesen, Kundenwerbung und Zeitungsankündigungen, Fahrspesen für Arbeiter, Angestellte und Meister, Autospesen usw.

c) Wohlfahrtsspesen sind Ausgaben an Krankenkassen für Angestellte und Arbeiter (wobei die Beiträge der Versicherten in Abzug zu bringen, d. h. auf der Habenseite einzustellen sind), Unfallversicherung, persönliche Kranken- und Unfallversicherung des Meisters, allenfalls zu zahlende Renten, Urlaube, Krankengelder, Abfertigungen bzw. Rücklagen für dieselben, zu bezahlende Feiertage.

d) **Fuhrwerksspesen** sind Ausgaben für alles, was mit dem eigenen Fuhrwerksbetrieb zusammenhängt, sei es Auto oder Pferd, fremdes Fuhrwerk, sowie die damit zusammenhängenden Versicherungen.

e) **Maschinenspesen** sind Ausgaben für Betriebsstoffe, Strom, Benzin usw., Instandhaltung der Maschinen, Motore, Zuleitungen, Maschinenversicherung, Reparaturen, Riemen, Schmiermittel, Messer und Ähnliches.

f) **Fabrikationsnebenspesen** (Spesen für Hilfsstoffe) sind Ausgaben für Leim, Nägel, Glaspapier, Bimsstein, kurz für alle Hilfsstoffe.

g) **Steuern:** Erwerbsteuer samt den Ortszuschlägen, Fürsorgeabgabe, Warenumsatzsteuer (nur wenn sie nach der Arbeiteranzahl pauschaliert ist).

h) **Provisionen.** Hieher gehören Trinkgelder und ähnliche Auslagen, auch wenn die Leistung in Form einer Arbeit oder Lieferung abgestattet wird, Vermittlungsprämien (eigentliche Provisionen, die einen Hundertsatz des Verkaufspreises betragen, gehören nicht hieher, sondern sind dem Verkaufspreis gesondert zuzuschlagen).

i) **Mietzins** für Kanzlei und Betriebsräume, Lagerplätze und Ähnliches. Wenn eigene Realitäten vorhanden sind, empfiehlt es sich, diese nicht in das Betriebsvermögen einzubeziehen, sondern dem Betriebe gewissermaßen zu vermieten.

k) **Zinsen.** Hieher gehören alle mit der Kapitalsbeschaffung erforderlichen Auslagen, Kreditzinsen, Bankspesen, Verzinsung des eigenen und fremden Betriebskapitals, Zinsverluste durch Außenstände usw.

l) **Abschreibungen von beweglichem Vermögen** (Mobilien-Konto): 15 v. H. von den Mobilien, d. s. von Werkzeugen, Hobelbänken und Einrichtungsgegenständen als Rücklage für Neuanschaffungen.

m) **Abschreibungen** (Maschinen-Konto): 10 v. H. von den Maschinen.

n) **Abschreibungen von unbeweglichem Vermögen** (Immobilien-Konto): 3 v. H. von den Immobilien, als Rücklage für Instandhaltungsarbeiten, wenn nicht wie unter i angeführt, die Immobilien dem eigenen Betriebe vermietet wurden.

o) **Abschreibungen** (Dubiosen-Konto) von zweifelhaften Forderungen und aller Verluste durch Zahlungsunfähigkeit der Schuldner.

Wir haben nun die Geschäftsunkosten ausführlich erläutert ohne erschöpfend zu sein und es ergab diese Zusammenstellung eine ziemliche Anzahl von Konten, die manchem als zu weitgehend erscheinen könnte. Es kann nur immer wieder betont werden, daß eine genaue Buchführung, die ausführlich sein soll, aber sich nicht in Spitzfindigkeit verlieren darf und dadurch zu kostspielig wäre, für die richtige Kalkulation ungemein wichtig ist und sich oft schon in steuertechnischer Beziehung bezahlt macht.

Wenn in einem Betriebe keine oder keine einwandfreie Buchführung besteht, so muß sich der Inhaber an seine Berufskörperschaft wenden und dort die gültigen Richtsätze erfragen, welche in der Regel auch für den kleinsten Betrieb angemessen sind.

Im Folgenden führen wir ein Beispiel aus einem Wiener Mittelbetrieb an. Die angegebenen Hundertsätze sind Durchschnittswerte aus den Jahren 1925 bis 1928; hiebei sind keine Kundenwerbungskosten, keine Verzinsung des eigenen Kapitals, ein den Verhältnissen entsprechender sehr mäßiger Mietzins für Geschäftsräume und Gründe und eine sehr mäßige, den jetzigen Verhältnissen leider nicht entsprechende Abschreibung von zweifelhaften

Forderungen und keine Entlohnung für die Mitarbeit des Inhabers angenommen. Der Betrieb beschäftigte durchschnittlich 30 Arbeiter, einen Zuschneider, 1 Zureißer und 4 bis 5 Angestellte. Für die 30 Arbeiter wurde durchschnittlich an schaffenden Löhnen bezahlt S 86000.—.

Auf diesen Betrag bezogen betrugen:

a) die ertragslosen Löhne .... 40,5 v. H.
b) die allgemeinen Spesen............................... 14,6 „ „
c) die Wohlfahrtsspesen (ohne Fürsorgeabgabe, weil unter
   g enthalten) .... 9,7 „ „
d) Fuhrwerkspesen .... 7,6 „ „
e) Maschinenspesen...................................... 7,3 „ „
f) Hilfsstoffe (Fabrikationsnebenspesen) .... 5,3 „ „
g) Steuern (ohne Wust., jedoch samt 4 v. H. Fürsorgeabgabe) 7,2 „ „
h) Provisionen .... 1,5 „ „
i) Mietzins .... 7,0 „ „
k) Zinsen.. 2,0 „ „
l) Abschreibung von beweglichem Vermögen .... 1,5 „ „
m) Maschinenabschreibung .... 1,7 „ „
n) Abschreibung von unbeweglichem Vermögen .... —
o) Abschreibung von uneinbringlichen Forderungen....... 1,5 „ „

Summe.... 107,4 v. H.

Es betrugen daher die Unkosten 107,4 v. H. des schaffenden Lohnes.

Dieser Hundertsatz erscheint wohl an sich hoch, doch ist er für die heutigen trostlosen Verhältnisse fast der Mindestsatz und viele Betriebe werden mit einem noch bedeutend höheren Satz rechnen müssen.

Begründet sind die hohen Unkosten durch die krankhafte Übertreibung der sozialen Einrichtungen und Steuern (Steuern, wie Fürsorgeabgabe und Warenumsatzsteuer sprechen jedem kaufmännischen Grundsatz geradezu Hohn) und vor allem in der geringen Ausnützung der Betriebsanlagen durch starke Unterbeschäftigung, bzw. stark schwankende Beschäftigung, so daß z. B. die ertragslosen Löhne, die fast in der gleichen Höhe weiterlaufen, den Regiesatz sehr ungünstig beeinflussen. Ein Abbau von langjährigen Angestellten wäre oft bei den heute zu zahlenden übermäßig hohen Abfertigungsbeträgen dem Zusammenbruch des Geschäftes gleichbedeutend.

Wenn wir trotzdem in unseren Berechnungsgrundlagen einen Unkostenzuschlag von 100 v. H. angenommen haben, so geschah es in der Erwartung, daß die nächsten Jahre dem Gewerbe und der Industrie doch eine bessere Beschäftigung und damit eine bessere Ausnützungsmöglichkeit ihrer Anlagen bringen werden und weil ein ununterbrochen gleichmäßig arbeitender Betrieb als Richtlinie dienen soll; weiters aus der Erwägung, daß eine starke Schwankung des Unkostensatzes über oder unter 100 nicht vorkommen dürfte und daher der entsprechende Auf- oder Abschlag leicht zu errechnen ist.

II. Gewinnzuschlag

Der Gewinn ist der Unterschied zwischen Selbstkosten und Verkaufspreis und stellt nicht den reinen Unternehmerverdienst, sondern einen

Bruttoverdienst dar. Es entstehen nämlich in jedem Betriebe Auslagen, die nicht in den vorerwähnten Unkosten ihre Deckung finden können und trotzdem eingerechnet werden müssen. Solche Auslagen sind: Risiko für Geschäftsverluste, Ersatz für schlecht ausgeführte Arbeiten, Kosten für Versuchsarbeiten, für Musterstücke und technische Verbesserungen, Rücklagen für das Geschäft und für die eigene Person und die Familie des Unternehmers (da es bis jetzt für den Gewerbetreibenden keine Wohlfahrtseinrichtungen und -gesetze gibt und er daher im Erkrankungsfalle sowie im Alter ganz auf sich angewiesen ist).

Der Gewinnzuschlag muß dem Wirtschaftsleben entsprechend sein, d. h. er soll so hoch sein, daß all die angeführten Kosten, sowie der reine Unternehmerverdienst ihre Deckung finden, anderseits darf er aber nicht höher sein, als es volkswirtschaftlich und vom Standpunkt der Wettbewerbsfähigkeit berechtigt ist.

Den jetzigen Umständen entsprechend ist wohl ein Gewinnzuschlag von mindestens 15 v. H. anzunehmen.

III. Grundsätze für die Preisermittlung und die Geschäftsabschlüsse

Für die Preisermittlung:

1. Nicht voreilig, sondern bedächtig Preise abgeben!

2. Alle näheren Umstände vereinbaren (ob Warenumsatzsteuer aufgerechnet wird oder eingeschlossen ist, ob ab Werkstätte oder samt Zustellung, mit oder ohne Abtragen bzw. Anarbeiten, ob Festpreise oder ob Lohnerhöhungen überwälzt werden können und wie solche angerechnet werden). (Unkostenzuschlag nicht vergessen!)

3. Größere Anfragen, bzw. Anfragen über eine größere Anzahl gleicher Stücke nicht ohne neuerliche Überprüfung der Berechnung (der Hilfstafeln) erledigen.

4. Nachberechnung der Kosten ausgeführter Arbeiten; für die leichte Auffindbarkeit solcher Aufschreibungen sorgen!

Für Abschlüsse:

Wer ist Besteller (Namen und Vornamen, Wohnort)?

Ist Besteller auch Bezahler? Ist Besteller von Bezahler bevollmächtigt?

Ist Bezahler auch zahlungsfähig und zahlungswillig? (in Auskunftei oder bei verläßlichen bekannten Lieferanten anfragen.)

Kann die Lieferzeit eingehalten werden?

Wann und wie erfolgt die Zahlung? Hinweis auf Lieferungsbedingnisse der Berufskörperschaften: „Im Falle keiner anderen oder unvollständigen Vereinbarungen gelten die Lieferungsbedingungen der Vereinigung (Fachgruppe, Genossenschaft u. dgl.)."

Wenn Aufträge noch so sehr erwünscht sind, sich nicht in zu sehr gedrückte Preise oder Bedingungen einlassen; lieber in solchen Fällen nur kleinere Aufträge übernehmen.

B. Die Preisermittlung

Erläuterungen zum Verständnis der folgenden Berechnungstafeln.

Die Tafeln sind derart angelegt, daß sie auch bei Lohn- und Rohstoffsteigerungen nicht wertlos werden und auch für Gegenden mit ganz verschiedenen Lohnsätzen oder Währungen ihren Wert behalten. Um dies zu erreichen, wurde bei allen Posten mit Ausnahme der Kalkulationspost „Brettelböden" folgende Annahme gemacht: **Eine Gehilfenstunde in der Werkstätte kostet eine Werteinheit.** (Wir bezeichnen sie in Hinkunft abgekürzt W. E.

Das Tischlerweichholz kostet 100 W. E. (Werteinheiten) **je m³.**

Billigere und teuere Holzsorten wurden zu einem entsprechend kleineren bzw. höheren Einheitspreis angenommen; es ist daher bei Werkstoffpreisen über oder unter 100 W. E. je m³ Tischlerholz die errechnete Holzmenge mit der entsprechenden Zahl zu vervielfachen, da meist die Spannung zwischen billigeren und teueren Holzsorten gleich groß ist, z. B. wird zwischen Pfostenstockholz und Flügelholz oder zwischen Tischlerweichholz und Eichenholz sich das Preisverhältnis wenig ändern. Beispielsweise wurde das Pfostenstockholz mit 80 W.E., das Tischlerweichholz mit 100 W.E., das Eichenholz mit 300 W. E. je m³ angenommen.

Eine W. E. (Werteinheit) kann ein beliebiger Wertbegriff sein. Man kann sich vorstellen, sie bedeute einen Schilling, eine Mark oder einen Franken.

Kostet nun das Tischlerweichholz nicht 100 W. E., oder wenn wir jetzt annehmen 100 W. E. = 100 Schilling, sondern 140 Schilling, so wäre der in den Tafeln errechnete Holzpreis mit 1,4 zu vervielfachen und man hätte den richtigen Tagespreis. In diesem Falle würde das Pfostenstockholz jetzt 80 × 1,4 = S 112.— und das Eichenholz 300 × 1,4 = S 420.— kosten. Das Preisverhältnis ist also das Gleiche.

Wir bemerken nochmals, daß immer der Holzpreis für trockenes, auf den Werkplatz gestelltes Tischlerholz zu nehmen ist.

Beim Stundenlohn verhält es sich genau so wie beim Holz. Ist der tatsächliche Stundenlohn nicht 1 W. E., sondern S 1.40, so ist der Gesamtlohn der Tafel mit 1,4 zu vervielfachen, um den tatsächlichen Gesamtlohn zu erhalten, der dem Stundenlohn von S 1.40 entspricht.

Die Lohnsätze wurden als Stücklöhne bei einer Herstellung von mehr als 10 gleichen Stücken erstellt, wobei sich der Arbeiter 10 bis 30 v. H. über den jeweiligen Stundenlohn verdienen könnte. Die Werteinheit darf nicht etwa als Zeiteinheit (1 W. E. = 1 Stunde) aufgefaßt werden; die Zeit in Stunden wird nur 70 bis 90 v. H. der Werteinheit sein. Z. B. Der Banklohn für die Herstellung eines Stückes sei mit 2 W. E. angenommen, so würde die Zeit für die Herstellung dieses Stückes nicht 2 Stunden, sondern nur 70 bis 90 v. H. davon, d. i. 1,4 Stunden bis 1,8 Stunden = 84 Minuten bis 108 Minuten erfordern, natürlich nur bei der Herstellung einer größeren Stückanzahl.

Wir sind uns klar, daß die in den Berechnungstafeln eingesetzten Löhne nicht immer ganz entsprechen werden, doch mußten wir bestehende Stücklöhne berücksichtigen, worauf allfällige Unebenheiten zurückzuführen sind. In der Regel wird es, um den jeweils gültigen Verkaufspreis zu erhalten, nicht notwendig sein, durch Vervielfachen des Holzpreises und des Gesamtlohnes, sowie dem Zufügen der Zuschläge für Unkosten und Gewinn umständlich den Preis zu ermitteln; es wird meist genügen, den Werteinheitsverkaufspreis mit jener Schlüsselzahl, die dem Durchschnitt aus Holz- und Werkstoffschlüsselzahl entspricht, zu vervielfachen.

Da überdies Holz und Lohn erfahrungsgemäß in einem solchen Verhältnis stehen, daß sich der gleiche Multiplikator (die gleiche Schlüsselzahl) ergibt, wird die Sache noch einfacher. Beträgt der Stundenlohn S 1.— oder M 1.—, so wird in der Regel der m³ trockenes, auf den Werkplatz gestelltes Tischlerholz S 100.— oder M 100.— betragen, bei einem Stundenlohn von S 1.20 der m³ Tischlerholz S 120.— kosten, d. h. die Schlüsselzahl für Lohn und Holz 1,2 sein, oder bei einem Stundenlohn von S 1.40 der m³ Tischlerholz S 140.— kosten oder nicht sehr wesentlich davon abweichen. Es wird also, falls die Schlüsselzahl für den Stundenlohn und das Schnittholz 1,4 beträgt, der Werteinheitsverkaufspreis der Berechnungstafel mit 1,4 multipliziert werden können, um den entsprechenden Verkaufspreis zu erhalten.

Wenn diese beiden Schlüsselzahlen nicht gleich sind, so diene Folgendes als Faustregel zur Auffindung der Schlüsselzahl für den Verkaufspreis, wenn man sich eine Mehrarbeit ersparen will: man nehme ein Drittel des Unterschiedes der beiden Schlüsselzahlen und schlage, wenn die Holzschlüsselzahl höher ist als die Lohnschlüsselzahl, dieses Drittel zur Lohnschlüsselzahl und multipliziere mit dieser Zahl den Verkaufseinheitspreis. Ist die Holzschlüsselzahl niedriger als die Lohnschlüsselzahl, so ziehe man dieses Drittel von der Lohnschlüsselzahl ab und multipliziere man mit dieser Schlüsselzahl den Verkaufseinheitspreis. Diese Faustregel wird ziemlich gut angenäherte Werte ergeben.

Zwei Beispiele: 1. Ist die Schlüsselzahl für Holz 1,5, die für Lohn 1,35, so beträgt der Unterschied 0,15; ein Drittel hievon = 0,05; zur Lohnschlüsselzahl 1,35 die 0,05 zugeschlagen, gibt 1,40; d. i. die Schlüsselzahl, mit der gleich der Verkaufswert multipliziert werden kann. 2. Die Holzschlüsselzahl sei 1,35, die Lohnschlüsselzahl 1,5, dann beträgt der Unterschied 0,15; ein Drittel hievon ist 0,05; von der Lohnschlüsselzahl abgezogen, gibt 1,45, d. i. die Schlüsselzahl, mit der gleich der Verkaufseinheitswert multipliziert werden kann.

Zum Schlusse sei noch erwähnt, daß wir zur allfälligen Ausfüllung durch den Benützer der Tafeln nach jeder Zeile mit veränderlichen Posten Leerkolonnen einschalteten, damit sich der Benützer das Ergebnis seiner eigenen Erfahrungen eintragen könne.

Um die vorstehenden Erläuterungen und die Art der Berechnung noch anschaulicher zu machen und um die angenommenen Holzquerschnitte anführen zu können, wollen wir jeder Tafelgruppe die Einzelberechnung einer Größe der betreffenden Gruppe voranstellen.

I. Berechnungsbeispiele für Fenster

In den unter II angeführten Fensterberechnungstafeln wurden folgende vier Fensterarten aufgenommen:

1. Rahmenstockfenster mit nach innen gehenden Flügeln (Abb. 1).
2. a) Pfostenstockfenster mit äußeren nach außen aufgehenden Flügeln.
   b) Pfostenstockfenster mit äußeren nach außen, und inneren nach innen aufgehenden Flügeln (Abb. 2).

3. a) Falzleistenfenster mit äußeren nach innen aufgehenden Flügeln.
   b) Falzleistenfenster mit äußeren und inneren nach innen aufgehenden Flügeln (Abb. 3 a — c).
4. a) Rahmenpfostenstockfenster mit äußeren nach innen aufgehenden
      Flügeln.
   b) Rahmenpfostenstockfenster
      mit äußeren und inneren
      nach innen aufgehenden
      Flügeln (Abb. 4 a — c).

Wir wollen nun von jeder der vier
angeführten Arten ein Musterbeispiel

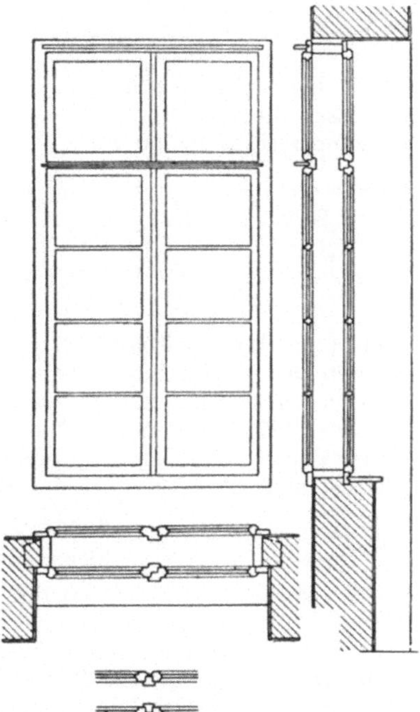

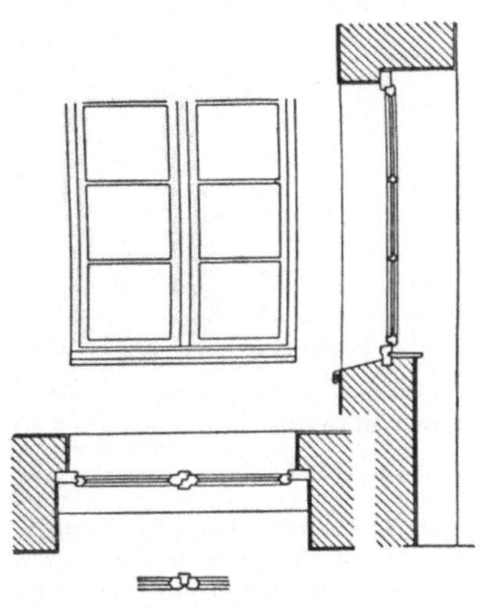

Abb. 1   Abb. 2

durchrechnen. Nach diesen Musterbeispielen sind alle übrigen
Fenster berechnet.

Rahmenstöcke, äußere Kämpfer, äußere Falzleisten und alle Fensterflügel sind aus Föhrenholz, alles andere aus Fichtenholz. Das Flügelholz
sämtlicher Fenster ist im rauhen Zustand 50×50 mm. Bei jedem Fenster
ist ein 20 cm breites Fensterbrett mitgerechnet.

Grundlagen: 1 Tischlergehilfenstunde.....   1 W. E. (Werteinheit)
           1 m³ Pfostenstockholz........ 80 W. E. („   )
           1 m³ sonstiges Tischlerholz .... 100 W. E. („   )

Berechnung eines zweiflügeligen Rahmenstockfensters

Nr. 24 des Preisbuches laut Abb. 1. In Stocklichte **100 cm breit, 100 cm
hoch,** in jedem Flügel 2 Quersprossen, samt 20 cm breitem Fensterbrett.

m³

Stockholz 50 × 80 mm; 4 × 116 cm = 464 cm   gibt 0,0186
Flügelholz 50 × 50 mm;
     2 Schlitzstücke   je 104 cm = 208 cm
     2 Zapfenstücke   „   52 „ = 104 „
              312 cm „   0,0078
Flügelholz, untere Zapfenstücke 50 × 60 mm;
        2 je 52 cm = 104 cm „   0,0031
Einschlagstücke 65 × 80 mm .... 2 je 104 „ = 208 „ „   0,0108
Sprossen 30 × 50 mm .... 4 „ 52 „ = 208 „ „   0,0031
Fensterbrett 27 × 200 mm   120 „   „   0,0065
                Summe... 0,0499
hiezu 25 v. H. Verschnitt 0,0125
                Summe... 0,0624

               W. E. W. E.
0,0624 m³ Holz zu 100 W. E. je m³ 6,24
Kosten des Tischlerlohnes bei einem Stundenlohn v. 1 W. E. 2,83
Kosten der Maschinenarbeit bei gleicher Grundlage 1,90
Kosten d. Tischlerlohnes am Bau b. einem Std.-Lohn v.1 W. E. 0,30
daher Gesamtlohnkosten bei einem Stundenlohn von 1 W. E.   5,03
Unkostenzuschlag 100 v. H. der Gesamtlohnkosten   5,03
    daher Gestehungskosten 16,30
    hiezu 15 v. H. Gewinnzuschlag 2,45
    Verkaufspreis 18,75

Um den tatsächlichen Verkaufspreis am 1. Jänner 1930 zu ermitteln, sind die angenommenen Werte für Holz (100 W. E. je m³) und Lohn (1 W. E. für eine Gehilfenstunde) mit der entsprechenden Schlüsselzahl zu vervielfachen; diese wäre für Wien am 1. Jänner 1930

für Holz bei S 145.— je m³ **1,45**, daher 6,24 × 1,45 .... S 9.05
für Lohn bei S 138.— je Stunde **1,38**, daher 5,03 × 1,38 .... „ 6.94
100 v. H. Unkostenzuschlag ..:........................ „ 6.94
Gestehungskosten .... S 22.93
15 v. H. Gewinnzuschlag .... „ 3.44
daher Verkaufspreis am 1. Jänner 1930 .... S 26.37

In obigem Falle ist der Aufschlag für Holz (die Schlüsselzahl) 1,45 höher als die für Lohn (1,38). In der Regel werden die Schlüsselzahlen fast gleich sein, so daß gleich der Verkaufspreis mit dem Hundertsatz (Schlüssel-zahl) vervielfacht werden kann, um den jeweiligen richtigen Preis zu erhalten.

Würde das Holz S 132.— je m³ kosten und der Lohn S 1.32 je Stunde betragen, so wäre die Schlüsselzahl für beide 1,32 und der richtige Preis 18,75 W. E. × 1,32 = S 24.73.

Da am 1. Jänner 1930 das Holz in Wien S 145.— je m³, eine Gehilfen-stunde S 1.38 kostet, können wir nach unserer oben erläuterten Faustregel

(1,45 minus 1,38 = 0,07; 0,07 : 3 = 0,023, daher verglichene Schlüsselzahl 1,38 + 0,023 = 1,403) die Schlüsselzahl angenähert mit 1,40 annehmen und damit den Werteinheitsverkaufspreis von 18,75 multiplizieren. Wir erhalten dann 1875 W. E. × 1,40 gibt S 26.25 und machen damit nur einen Fehler von S 0.12 = 0,5 v. H., was bedeutungslos ist.

Berechnung eines vierflügeligen Pfostenstockfensters

Nr. 50 des Preisbuches laut Abb. 2. In Stocklichte **100 cm breit, 200 cm hoch,** mit festem Kreuzl außen und innen über dem Kämpfer, in den Unterflügeln je drei Quersprossen, samt 20 cm breitem Fensterbrett.

	a) mit 4 äußeren nach außen gehenden Flügeln	b) mit 4 äußeren nach außen, und 4 inneren nach innen gehenden Flügeln

Stockholz 46 × 160 mm:

2 aufrechte je 210 cm	= 420 cm	
2 quer s. Vorköpfen je 135 cm	= 270 „	
2 mittlere Vorköpfe je 12,5 cm	= 25 „	m³ ··· m³
	715 cm gibt 0,0526	715 cm gibt 0,0526
15 v. H. Verschnitt ··········	0,0079	0,0079
	0,0605	0,0605

Sonstiges Holz (die Klammerwerte beziehen sich auf b)

äußere Falzleisten 27 × 65 mm:

2 × 115 cm = 230 cm		
2 × 215 „ = 430 „	660 „ gibt 0,0116	660 „ gibt 0,0116

innere Falzleisten 27 × 55 mm:

2 × 113 cm = 226 cm		
2 × 213 „ = 426 „	— —	652 „ „ 0,0097
inn. u. äuß. Kämpfer 50 × 65 mm:	110 „ „ 0,0036	220 „ „ 0,0071

Flügelholz 50 × 50 mm:

3 (5) untere Schlitzstücke je 163 = 489 (815)		
4 (7) obere Schlitzstücke je 41 = 164 (287)		
1 (2) Kreuzl „ 41 = 41 (82)		
3 (6) Zapfenstücke je 104 = 312 (624)	1006 cm gibt 0,0251	1808 „ „ 0,0452
2 (4) untere Zapfenstücke 50 × 60 mm, je 52 ······	104 „ „ 0,0031	208 „ „ 0,0062
	Übertrag ····0,0434	0,0798

	m³	m³
Übertrag....0,0434		0,0798

1 (3) untere Einschlagstücke				
65 × 80 mm, je 163..... 163 cm gibt 0,0085	489			
0 (1) obere Einschlagstücke		cm gibt 0,0276		
65 × 80 mm .... —	—	41		
6 (12) Sprossen je 52........ 312 „ „ 0,0047	624 „ „ 0,0094			
2 Wetterleisten 50 × 20...... 205 „ „ 0,0021	205 „ „ 0,0021			
Fensterbrett 27 × 200 mm 115 „ „ 0,0062	115 „ „ 0,0062			

	0,0649 0,1251
25 v. H. Verschnitt	0,0162 0,0314
	0,0811 0,1565

W. E.   W. E.

0,0605 m³ Holz je 80 W. E.   4,84 (4,84) ⎫
0,0811 (0,1565) m³ Holz je 100 W. E. = W. E. 8,11 (15,65) ⎬ 12,95   20,49
Kosten des Tischlerlohnes bei der Bank

           (Stundenlohn 1 W. E.) 4,74 (7,51)
Kosten der Maschinenarbeit (bei gl. Grundlage)   3,16 (5,00)
Kosten des Tischlerlohnes am Bau

           (Stundenlohn 1 W. E.) 0,60 (1,20)

daher Gesamtlohnkosten	8,50	13,71
Unkostenzuschlag 100 v. H. d. Gesamtlohnkosten..........	8,50	13,71
daher Gestehungskosten	29,95	47,91
hiezu 15 v. H. Gewinnzuschlag	4,49	7,18
Verkaufspreis	**34,44**	**55,09**

Um den tatsächlichen Verkaufspreis am 1. Jänner 1930 zu ermitteln, sind die angenommenen Werte für Holz (100 W. E. je m³) und Lohn (1 W. E. für eine Gehilfenstunde) mit der entsprechenden Schlüsselzahl zu vervielfachen; diese wäre für Wien am 1. Jänner 1930

für Holz bei S 145.— je m³ **1,45**, daher für a) 12,95 × 1,45 18,78
                „   „   b) 20,49 × 1,45 29,71

	a)	b)
daher Holz für	S 18.78	S 29.71
für Lohn bei S 1,38 je Std. **1,38**, daher 8,50 × 1,38	„ 11.73	
„ 13,71 × 1,38		„ 18,92
100 v. H. Unkostenzuschlag	„ 11.73	„ 18.92
Gestehungskosten	„ 42.24	„ 67.55
15 v. H. Gewinnzuschlag	„ 6.33	„ 10.14
daher Verkaufspreis am 1. Jänner 1930	**S 48.57**	**S 77.69**

Würde das Holz S 132.— je m³ kosten und der Lohn S 1.32 je Stunde betragen, so wäre die Schlüsselzahl für beide 1,32 und der richtige Preis für a) 34,44 W. E. × 1,32 = S 45.47, und für b) 55,09 W. E. × 1,32 gibt S 72.72.

Da am 1. Jänner 1930 das Holz in Wien S 145.— je m³, eine Gehilfenstunde S 1.38 kostet, können wir nach unserer oben erläuterten Faustregel

(1,45 minus 1,38 = 0,07; 0,07 : 3 = 0,023, daher Schlüsselzahl 1,38 + 0,023 =
= 1,403) die Schlüsselzahl mit 34,44 für a) und 55,09 für b) multiplizieren.

Wir erhalten dann 34,44 W. E. × 1,40 gibt S 48.22 für a),
      55,09 W. E. × 1,40 ,, S 77.13 für b),

und machen damit nur einen Fehler von S 0.35 = 0,7 v. H. für a)
              S 0.56 = 0,7 v. H. für b),

was bedeutungslos ist.

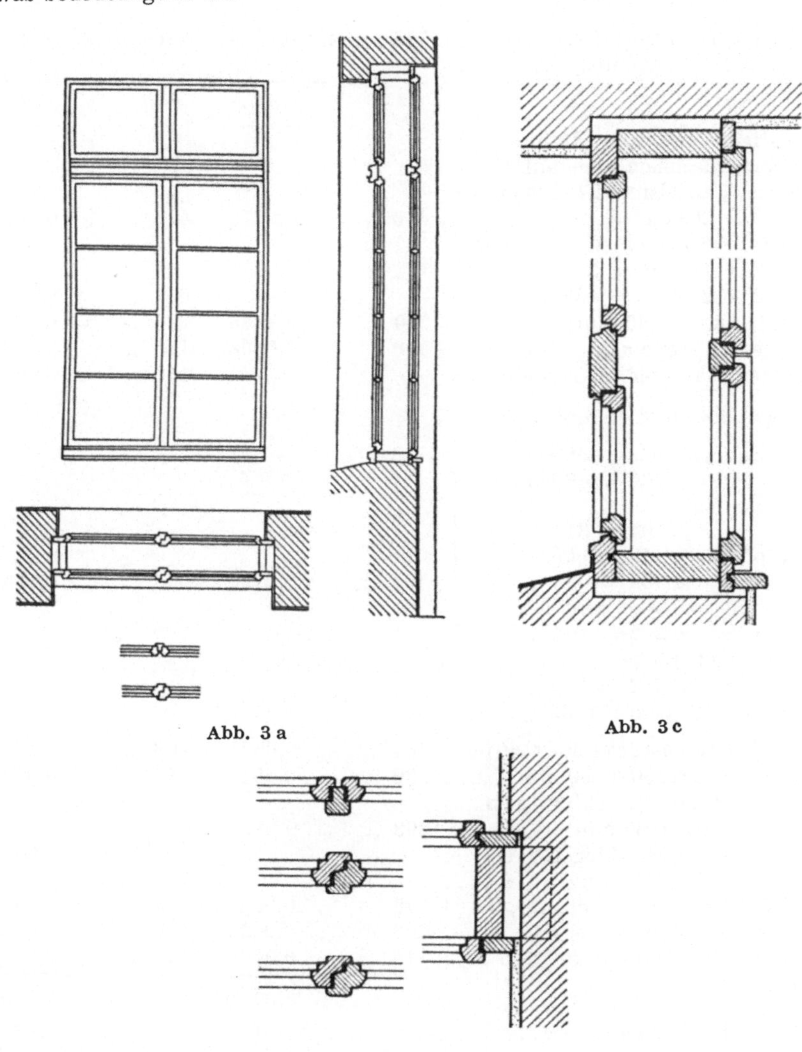

Abb. 3 a   Abb. 3 c

Abb. 3 b

Berechnung eines vierflügeligen Leistenpfostenfensters

Nr. 50 des Preisbuches laut Abb. 3 a—c. In Stocklichte **100 cm breit, 200 cm hoch**, mit 2 (4) unteren und 2 (4) oberen nach innen gehenden Flügeln, samt 20 cm breitem Fensterbrett.

	a) mit 4 äußeren Flügeln	b) mit 4 äußeren und 4 inneren Flügeln
Stockholz 46 × 160 mm:	m³	m³
wie bei Vorpost	715 cm gibt 0,0526	715 cm gibt 0,0526
15 v. H. Verschnitt	0,0079	0,0079
	0,0605	0,0605

sonstiges Holz (die Klammerwerte beziehen sich auf b)
äußere Falzleisten 27 × 65 mm:

2 × 208 cm =	416 „　　„　0,0073	416 „　　„　0,0073
innere Falzleisten 27 × 55 mm:		
2 × 113 cm = 226 cm		
2 × 213 „　= 426 „	—　　　　—	652 „　　„　0,0097
Sohlbank 50×80 mm: 2 × 110 = 220	„　　„　0,0088	220 „　　„　0,0088
äußerer Kämpfer 50 × 120 mm = 110	„　　„　0,0066	110 „　　„　0,0066
innerer Kämpfer 50 × 55 mm =	—　　　　—	110 „　　„　0,0030

Flügelholz 50 × 50 mm:

2 Schlitzstücke, dchgeh.
　　ger. je 200 = 400 cm
3 Zapfenstücke
　　je 104 = 312 „
2 obere Schlitzstücke
　　je 39 = 78 „
2 Schlitzstücke dch. ger.
　　je 202 = 404 „
3 Zapfenstücke
　　je 104 = 312 „
1 ob. Schlitzstück 39 „　　　　}　790 „　　„　0,0198　　1545 „　　„　0,0386

1 (2) Zapfenstücke 50 × 60 mm	104 „　　„　0,0031	208 „　　„　0,0062
1 (2) Kreuzl 50 × 50 mm	39 „　　„　0,0010	85 „　　„　0,0021
2 (4) untere Einschlagstücke		
65 × 80 mm	298 „　　„　0,0155	610⎫
0 (1) obereEinschlagstücke		⎬　„　„　0,0341
65 × 80 mm	—　　　　—	46⎭
3 (6)Sprossen 27 × 50 mm; je 104	312　　„　0,0047	624 „　„　0,0094
2 Verdopplungen je 1,10	220　　„　0,0030	220 „　„　0,0030
Fensterbrett 27 × 200 mm	115 „　　„　0,0062	115 „　„　0,0062
	0,0760	0,1350
25 v. H. Verschnitt	0,0190	0,0338
	0,0950	0,1688

0,0605 m³ Holz je 80 W. E. = 4,84 (4,84) W. E. W· E.
0,0950 m³ (0,1688) je 100 W. E. = W. E. 9,50 (16,88).. 14,34 21,72
Kosten des Tischlerlohnes bei der Bank
        (Stundenlohn 1 W. E.) 5,42 (8,20)
Kosten der Maschinenarbeit
        (bei gl. Grundlage) 3,62 (5,47)
Kosten des Tischlerlohnes am Bau
        (Stundenlohn 1 W. E.) 0,60 (1,20)
daher Gesamtlohnkosten 9,64 14,87
Unkostenzuschlag 100 v. H. der Gesamtlohnkosten 9,64 14,87

daher Gestehungskosten 33,62 51,46
hiezu 15 v. H. Gewinnzuschlag 5,04 7,72

Verkaufspreis 38,66 59,18

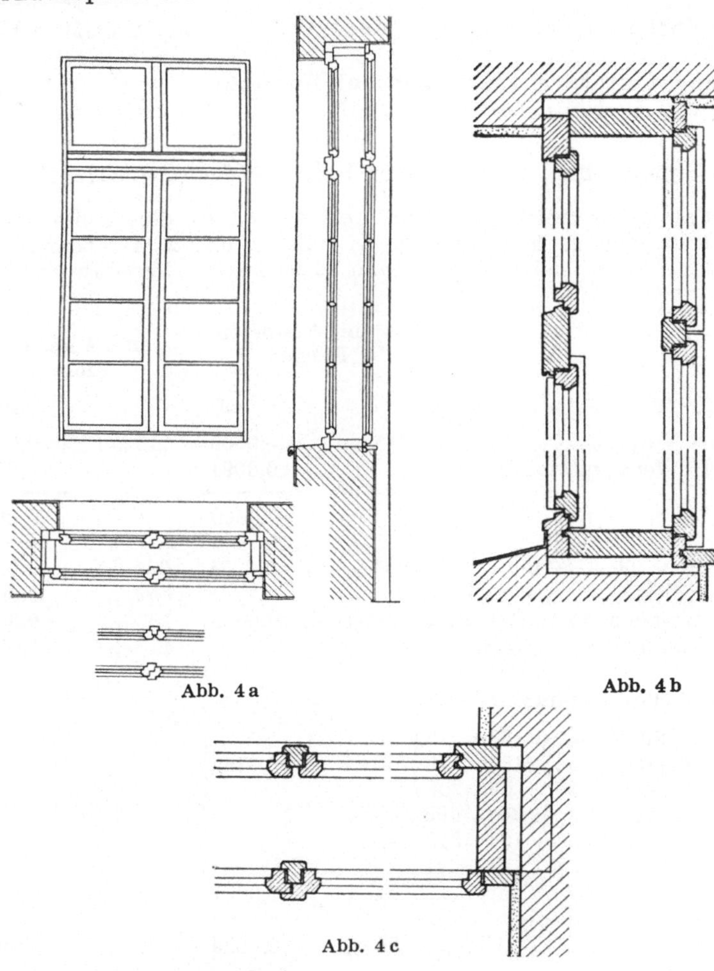

Abb. 4a   Abb. 4b

Abb. 4c

Um den tatsächlichen Verkaufspreis am 1. Jänner 1930 zu ermitteln, sind die angenommenen Werte für Holz (100 W. E. je m³) und Lohn (1 W. E. für eine Gehilfenstunde) mit der entsprechenden Schlüsselzahl zu vervielfachen, diese wäre für Wien am 1. Jänner 1930

	a)	b)
für Holz bei S 145.— je m³ **1,45**, daher für a) 14,34 × 1,45 =	20,79	—
„ „ b) 21,72 × 1,45 =	—	31,49
„ Lohn „ „ 1,38 je Std. **1,38**, 9,64 × 1,38 =	13,30	—
14,87 × 1,38 =	—	20,52
100 v. H. Unkostenzuschlag	13,30	20,52
Gestehungskosten	47,39	72,53
15 v. H. Gewinnzuschlag	7,11	10,87
daher Verkaufspreis am 1. Jänner 1930 ....**S 54.50**		**S 83.40**

Siehe weitere Erklärungen bei Vorpost.

Berechnung eines vierflügeligen Rahmen-Pfostenstockfensters

Nr. 50 des Preisverzeichnisses laut Abb. 4 a—c. In Stocklichte **100 cm breit, 200 cm hoch,** mit 2 (4) unteren und 2 (4) oberen, nach innen aufgehenden Flügeln, samt 20 cm breitem Fensterbrett.

	a) mit 4 äußeren Flügeln		b) mit 4 äußeren und 4 inneren Flügeln	
Stockholz 46 × 185 mm:		m³		m³
wie bei Vorpost	715 cm gibt	0,0608	715 cm gibt	0,0608
15 v. H. Verschnitt		0,0091		0,0091
		0,0699		0,0699
Rahmenstock 50 × 80 mm	634 „	„ 0,0254	634 „	„ 0,0254
innere Falzleiste 27 × 55 mm ...	—	—	652 „	„ 0,0097
äußerer Kämpfer 50 × 120 mm .	108 „	„ 0,0065	108 „	„ 0,0065
innerer Kämpfer 50 × 55 mm...	—	—	110 „	„ 0,0030

Flügelholz 50 × 50 mm:

2 äuß. Schlitzstücke je 39 = 78				
2 äuß. Schlitzstücke je 188 = 376	742 cm gibt 0,0185			
3 äuß. Zapfenstücke je 96 = 288				
2 inn. Schlützstücke je 204 = 408	—	—	1503 cm gibt 0,0376	
3 inn. Zapfenstücke je 104 = 312	—	—		
1 inn. Schlitzstück je 41 = 41	—	—		
1 (2) feste Kreuzl 50 × 50 mm	44 „	„ 0,0011	92 „	„ 0,0023
1 (2) untere Zapfenstücke 50 × 60 mm	96 „	„ 0,0029	200 „	„ 0,0060

2 (4) untere Einschlagstücke
    65 × 80 mm .... 298 cm gibt 0,0155   610⎱
0 (1) obere Einschlagstücke   ⎰cm gibt 0,0341
    65 × 80 mm .... —   —   46⎰
3 (6) Sprossen .... 288 „   „   0,0043   600 „   „   0,0090
Fensterbrett 27 × 200 mm ..... 115 „   „   0,0062   115 „   „   0,0062

                                     0,0804   0,1398
25 v. H. Verschnitt   0,0201   0,0350

                                     0,1005   0,1748

                                           W. E.   W. E.

0,0699 m³ Holz je 80 W. E. =   5,59 (5,59)
0,1005 m³ (0,1748) je 100 W. E. = W. E.   10,05 (17,48)   15,64   23,07
Kosten des Tischlerlohnes bei der Bank
        (Stundenlohn 1 W. E.) 6,32 (9,10)
Kosten der Maschinenarbeit
        (bei gl. Grundlage)   4,22 (6,07)
Kosten des Tischlerlohnes am Bau
        (Stundenlohn 1 W. E.) 0,60 (1,20)
daher Gesamtlohnkosten 11,14   16,37
Unkostenzuschlag 100 v. H. d. Gesamtlohnkosten......... 11,14   16,37

daher Gestehungskosten 37,92   55,81
hiezu 15 v. H. Gewinnzuschlag 5,69   8,37

Verkaufspreis **43,61**   **64,18**

    Um den tatsächlichen Verkaufspreis am 1. Jänner 1930 zu ermitteln, sind die angenommenen Werte für Holz (100 W. E. je m³) und Lohn (1 W. E. für eine Gehilfenstunde) mit der entsprechenden Schlüsselzahl zu vervielfachen, diese wäre für Wien am 1. Jänner 1930

                                                             a)   b)
für Holz bei S 145.— je m³ **1,45**, daher für a) 15,64 × 1,45 22,68   —
                                 „   „   b) 23,07 × 1,45 ....   —   33,45
„ Lohn „ „ 1.38 je Std. **1,38**,   „   „   11,14 × 1,38 15,37   —
                                 „   „   16,37 × 1,38 ....   —   22,59
100 v. H. Unkostenzuschlag 15,37   22,59

Gestehungskosten 53,42   78,63
15 v. H. Gewinnzuschlag 8,01   11,79

daher Verkaufspreis am 1. Jänner 1930 .... **S 61.43 S 90.42**

    Siehe weitere Erläuterungen bei Vorpost.

II. Fensterberechnungstafeln

Holzquerschnitte siehe Beispiel S. 12—19.

1. Einflügelige Fenster

Nr. 1. Einflügelige Fenster in Stocklichte:

30 cm breit, 40 cm hoch mit 20 cm breitem Fensterbrett, ohne Sprossenteilung und ohne Deckleisten.

Grundlagen: Pfostenstockholz   80 W. E. je m³
sonstiges Holz   100 „ „ „ „
1 Gehilfenstunde   1 „ „

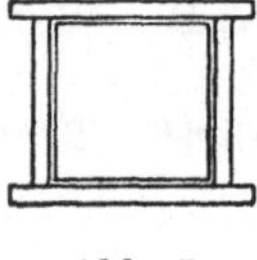

Abb. 5

Flügelholz 50 × 50 mm.
Stockholz 46 mm.
a bedeutet mit nur äußeren Flügeln.
b bedeutet mit äußeren und inneren Flügeln.

		Rahmen-stock	Pfostenstock		Pfosten und Rahmenstock	
			a	b	a	b
Holzerfordernis	Stock + 15% V. .	—	0,0194	0,0194	0,0225	0,0225
	Sonstiges + 25% V.	0,0185	0,0133	0,0218	0,0161	0,0246
Kosten des	Holzes.........	1,85	2,88	3,73	3,41	4,26
	Lohnes — Bank	1,28	1,40	1,87	1,73	2,19
	Maschine ...	0,85	0,92	1,23	1,14	1,45
	Bau.......	0,15	0,15	0,30	0,15	0,30
	Gesamt.....	2,28	2,47	3,40	3,02	3,94
Unkostenzuschlag.....		Hundert v. H.				
Gestehungskosten		6,41	7,82	10,53	9,45	12,14
15% Gewinnzuschlag..		0,96	1,17	1,58	1,41	1,82
Verkaufspreis........		7,37	8,99	12,11	10,87	13,96

Nr. 3. Einflügelige Fenster in Stocklichte:

30 cm breit, 120 cm hoch, mit 20 cm breitem Fensterbrett mit 2 Quersprossen ohne Deckleisten.

Grundlagen: Pfostenstockholz 80 W. E. je m³
sonstiges Holz 100 „ „ „ „
1 Gehilfenstunde 1 „ „

a = nur äußere Flügel.
b = innere und äußere Flügel.
Flügelholz 50 × 50 mm.
Stockholz 46 mm.

Abb. 6

		Rahmen-stock	Pfostenstock		Pfosten- und Rahmenstock	
			a	b	a	b
Holzerfordernis	Stock + 15% V. . .	—	0,0330	0,0330	0,0382	0,0382
	Sonstiges + 25% V.	0,0330	0,0234	0,0414	0,0303	0,0483
Kosten des	Holzes	3,30	4,98	6,78	5,67	7,47
	Lohnes Bank	1,61	1,77	2,40	2,16	2,78
	Lohnes Maschine	1,07	1,18	1,60	1,44	1,85
	Lohnes Bau	0,15	0,15	0,30	0,15	0,30
	Lohnes Gesamt	2,83	3,10	4,30	3,75	4,93
Unkostenzuschlag		H u n d e r t v. H.				
Gestehungskosten		8,96	11,18	15,38	13,17	17,33
15% Gewinnzuschlag . .		1,34	1,67	2,31	1,98	2,60
Verkaufspreis		10,30	12,86	17,69	15,15	19,93

Nr. 4. Einflügelige Fenster in Stocklichte:

50 cm breit, 50 cm hoch, mit 20 cm breitem Fensterbrett, ohne Sprossenteilung, ohne Deckleisten.

> **Grundlagen:** Pfostenstockholz　80 W. E. je m^3
> sonstiges Holz　100 „　„　„　„
> 1 Gehilfenstunde　1 „　„

a = nur äußere Flügel.
b = innere und äußere Flügel.
Flügelholz 50 × 50 mm.
Stockholz 46 mm.

Abb. 7

		Rahmen-stock	Pfostenstock		Pfosten- und Rahmenstock	
			a	b	a	b
Holzerfordernis	Stock + 15% V. ..	—	0,0245	0,0245	0,0284	0,0284
	Sonstiges + 25% V.	0,0248	0,0178	0,0298	0,0220	0,0335
Kosten des	Holzes	2,48	3,74	4,94	4,47	5,62
	Lohnes Bank	1,45	1,61	2,13	1,97	2,50
	Maschine	0,97	1,07	1,42	1,31	1,67
	Bau	0,15	0,15	0,30	0,15	0,30
	Gesamt	2,57	2,83	3,85	3,43	4,47
Unkostenzuschlag		Hundert v. H.				
Gestehungskosten		7,62	9,40	12,64	11,33	14,56
15% Gewinnzuschlag ..		1,14	1,41	1,90	1,70	2,18
Verkaufspreis		8,76	10,81	14,54	13,03	16,74

Nr. 8. Einflügelige Fenster in Stocklichte:

50 cm breit, 140 cm hoch, mit 20 cm breitem Fensterbrett, mit 3 Quersprossen, ohne Deckleisten.

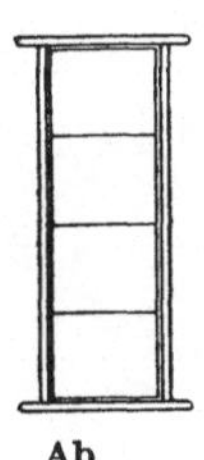

Ab

Grundlagen: Pfostenstockholz   80 W. E. je m³
sonstiges Holz   100 „ „ „ „
1 Gehilfenstunde   1 „ „

a = nur äußere Flügel.
b = innere und äußere Flügel.
Flügelholz 50 × 50 mm.
Stockholz 46 mm.

		Rahmen-stock	Pfostenstock		Pfosten- und Rahmenstock	
			a	b	a	b
Holzer-fordernis	Stock + 15% V. ..	—	0,0419	0,0419	0,0484	0,0484
	Sonstiges + 25% V.	0,0428	0,0308	0,0549	0,0395	0,0636
Kosten des	Holzes	4,28	6,43	8,84	7,82	10,23
	Lohnes Bank	1,86	2,04	2,80	2,49	3,05
	Lohnes Maschine	1,24	1,36	1,87	1,66	2,03
	Lohnes Bau	0,15	0,15	0,30	0,15	0,30
	Lohnes Gesamt	3,25	3,55	4,97	4,30	5,38
Unkostenzuschlag		Hundert v. H.				
Gestehungskosten		10,78	13,53	18,78	16,42	20,99
15% Gewinnzuschlag ..		1,62	2,03	2,82	2,46	3,15
Verkaufspreis		12,40	15,56	21,60	18,88	24,14

Nr. 11. Einflügelige Fenster in Stocklichte:

70 cm breit, 70 cm hoch, mit 20 cm breitem Fensterbrett, mit Kreuzsprossen, ohne Deckleisten.

Grundlagen: Pfostenstockholz   80 W. E. je m³
sonstiges Holz   100 „ „ „ „
1 Gehilfenstunde   1 „ „

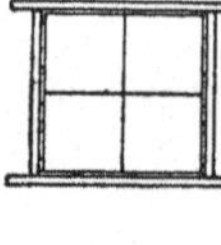

a = nur äußere Flügel.
b = innere und äußere Flügel.
Flügelholz 50 × 50 mm.
Stockholz 46 mm.

Abb. 9

		Rahmen-stock	Pfostenstock		Pfosten- und Rahmenstock	
			a	b	a	b
Holzer-fordernis	Stock + 15% V. ...	—	0,313	0,0313	0,0362	0,0362
	Sonstiges + 25% V.	0,0354	0,0264	0,0469	0,0324	0,0506
Kosten des	Holzes	3,54	5,14	7,19	6,14	7,96
	Lohnes Bank	1,83	2,00	2,77	2,42	3,20
	Maschine	1,22	1,33	1,85	1,61	2,13
	Bau	0,15	0,15	0,30	0,15	0,30
	Gesamt	3,20	3,48	4,92	4,18	5,63
Unkostenzuschlag		Hundert v. H.				
Gestehungskosten		9,94	12,10	17,03	14,50	19,22
15% Gewinnzuschlag ...		1,49	1,82	2,55	2,18	2,88
Verkaufspreis		11,43	13,92	19,58	16,68	22,10

Nr. 13. Einflügelige Fenster in Stocklichte:

70 cm breit, 140 cm hoch, mit 20 cm breitem Fensterbrett, mit 3 Quersprossen, ohne Deckleisten.

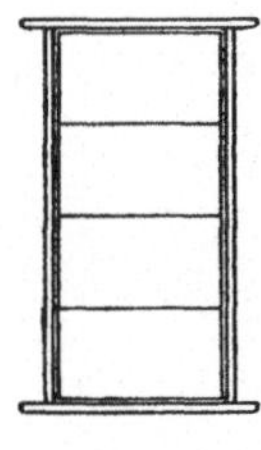

Abb. 10

Grundlagen: Pfostenstockholz 80 W. E. je m³
sonstiges Holz   100 „ „ „ „
1 Gehilfenstunde   1 „ „

a = nur äußere Flügel.
b = innere und äußere Flügel.
Flügelhöhe 50 × 50 mm.
Stockhöhe 46 mm.

		Rahmen-stock	Pfostenstock		Pfosten- und Rahmenstock	
			a	b	a	b
Holzerfordernis	Stock + 15% V. ...	—	0,0453	0,0453	0,0523	0,0523
	Sonstiges + 25% V.	0,0486	0,0385	0,0684	0,0454	0,0725
Kosten des Holzes		4,86	7,47	10,46	8,72	11,43
	Lohnes Bank	1,96	2,16	2,94	2,64	3,42
	Maschine	1,30	1,44	1,96	1,76	2,28
	Bau	0,15	0,15	0,30	0,15	0,30
	Gesamt	3,41	3,75	5,20	4,55	6,00
Unkostenzuschlag		H u n d e r t v. H.				
Gestehungskosten		11,68	14,97	20,86	17,82	23,43
15% Gewinnzuschlag ..		1,75	2,25	3,13	2,67	3,51
Verkaufspreis		13,43	17,22	23,99	20,49	26,94

2. Zweiflügelige Fenster

Nr. 15. Zweiflügelige Fenster in Stocklichte:

50 cm breit, 100 cm hoch, mit 20 cm breitem Fensterbrett, ohne Sprossen, ohne Deckleisten.

Grundlagen: Pfostenstockholz   80 W. E. je m³

                sonstiges Holz   100 „   „   „   „

                1 Gehilfenstunde   1 „   „

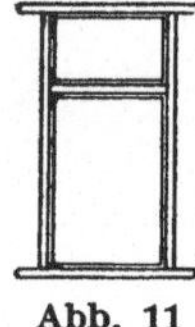

a = nur äußere Flügel.

b = innere und äußere Flügel.

Flügelholz 50 × 50 mm.

Stockholz 46 mm.

Abb. 11

			Rahmen-stock	Pfostenstock		Pfosten- und Rahmenstock	
				a	b	a	b
Holzer-fordernis		Stock + 15% V. ...	—	0,0330	0,0330	0,0382	0,0382
		Sonstiges + 25% V.	0,0388	0,0294	0,0435	0,0369	0,0464
Kosten des		Holzes	3,88	5,58	6,99	6,75	7,70
	Lohnes	Bank	2,16	2,39	3,41	2,96	3,97
		Maschine	1,44	1,59	2,27	1,97	2,65
		Bau	0,30	0,30	0,60	0,30	0,60
		Gesamt	3,90	4,28	6,28	5,23	7,22
Unkostenzuschlag				Hundert v. H.			
Selbstkosten			11,68	14,14	19,55	17,21	22,14
15% Gewinnzuschlag ..			1,75	2,12	2,93	2,58	3,32
Verkaufspreis..........			13,43	16,26	22,48	19,79	25,46

Nr. 17. Zweiflügelige Fenster in Stocklichte:

50 cm breit, 200 cm hoch, mit 20 cm breitem Fensterbrett, Unterflügel mit 3 Quersprossen, ohne Deckleisten.

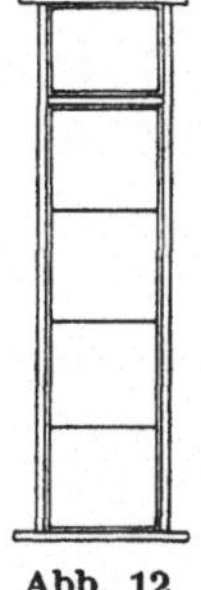

Abb. 12

Grundlagen: Pfostenstockholz   80 W. E. je m³
sonstiges Holz   100 „ „ „ „
1 Gehilfenstunde   1 „ „

a = nur äußere Flügel.
b = innere und äußere Flügel.
Flügelholz 50 × 50 mm.
Stockholz 46 mm.

		Rahmen-stock	Pfostenstock		Pfosten- und Rahmenstock	
			a	b	a	b
Holzerfordernis	Stock + 15% V. . .	—	0,0521	0,0521	0,0601	0,0601
	Sonstiges + 25% V.	0,0584	0,0435	0,0791	0,0561	0,0914
Kosten des	Holzes	5,84	8,52	12,08	10,42	13,95
	Lohnes Bank	2,58	2,84	4,12	3,50	4,77
	Maschine	1,72	1,90	2,75	2,33	3,18
	Bau	0,30	0,30	0,60	0,30	0,60
	Gesamt	4,60	5,04	7,47	6,13	8,55
Unkostenzuschlag		H u n d e r t v. H.				
Selbstkosten		15,04	18,60	27,02	22,68	31,05
15% Gewinnzuschlag . .		2,26	2,80	4,05	3,40	4,66
Verkaufspreis		17,30	21,40	31,07	26,08	35,71

Nr. 19. Zweiflügelige Fenster in Stocklichte:

50 cm breit, 300 cm hoch, mit 20 cm breitem Fensterbrett, Oberflügel mit 1 Quersprosse, Unterflügel mit 3 Quersprossen.

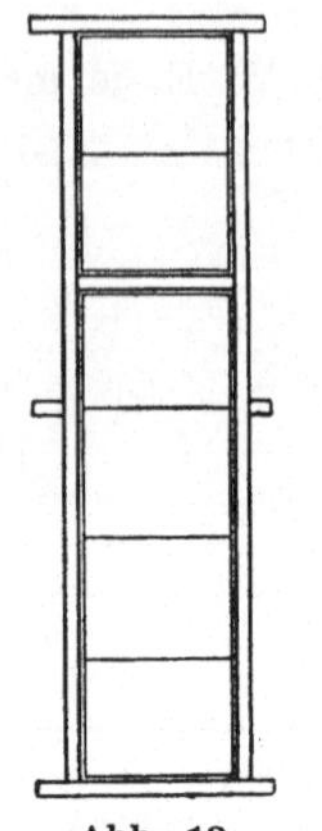

Abb. 13

Grundlagen: Pfostenstockholz 80 W. E. je m³

sonstiges Holz 100 „ „ „ „

1 Gehilfenstunde 1 „ „

a = nur äußere Flügel.
b = innere und äußere Flügel.
Flügelholz 50 × 50 mm.
Stockholz 50 mm.

		Rahmen-stock	Pfostenstock		Pfosten- und Rahmenstock	
			a	b	a	b
Holzerfordernis	Stock + 15% V. ..	—	0,0750	0,0750	0,0867	0,0867
	Sonstiges + 25% V.	0,0756	0,0554	0,1020	0,0608	0,1195
Kosten des	Holzes	7,56	11,54	16,20	13,01	18,89
	Lohnes Bank	3,54	3,89	5,66	4,79	6,55
	Maschine	2,36	2,60	3,78	3,20	4,37
	Bau	0,33	0,33	0,66	0,33	0,66
	Gesamt	6,23	6,82	10,10	8,32	11,58
Unkostenzuschlag		H u n d e r t v. H.				
Gestehungskosten		20,02	25,18	36,40	29,65	42,05
15% Gewinnzuschlag ..		3,00	3,78	5,46	4,45	6,31
Verkaufspreis..........		23,02	28,96	41,86	34,10	48,36

Nr. 21. Zweiflügelige Fenster in Stocklichte:

80 cm breit, 70 cm hoch, mit 20 cm breitem Fensterbrett, je 1 Quersprosse, ohne Deckleisten.

Grundlagen: Pfostenstockholz 80 W. E. je m³
sonstiges Holz 100 ,, ,, ,, ,,
1 Gehilfenstunde 1 ,, ,,

Abb. 14

a = nur äußere Flügel.
b = innere und äußere Flügel.
Flügelholz 50 × 50 mm.
Stockholz 46 mm.

		Rahmen-stock	Pfostenstock		Pfosten- und Rahmenstock	
			a	b	a	b
Holzer-fordernis	Stock + 15% V. ..	—	0,0330	0,0330	0,0382	0,0382
	Sonstiges + 25% V.	0,0461	0,0343	0,0620	0,0421	0,0698
Kosten des	Holzes	4,61	6,07	8,84	7,27	10,04
	Lohnes Bank	2,47	2,60	3,68	3,22	4,31
	Maschine	1,65	1,73	2,45	2,15	2,87
	Bau	0,30	0,30	0,60	0,30	0,60
	Gesamt	4,42	4,63	6,73	5,67	7,78
Unkostenzuschlag		Hundert v. H.				
Gestehungskosten		13,45	15,33	22,30	18,61	25,60
15% Gewinnzuschlag ..		2,02	2,30	3,35	2,79	3,84
Verkaufspreis..........		15,47	17,63	25,65	21,40	29,44

Nr. 23. Zweiflügelige Fenster in Stocklichte:

80 cm breit, 160 cm hoch, mit 20 cm breitem Fensterbrett, je 3 Quersprossen, ohne Deckleisten.

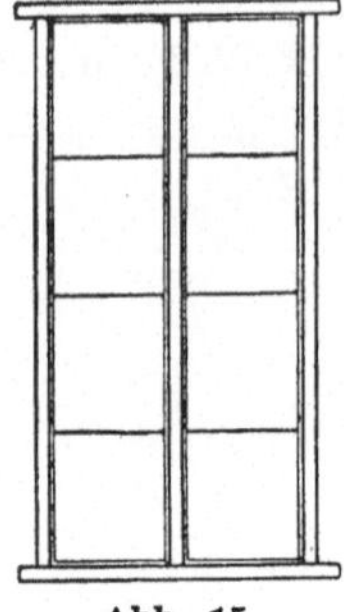

Grundlagen: Pfostenstockholz   80 W. E. je m³
sonstiges Holz   100 „ „ „ „
1 Gehilfenstunde   1 „ „

a = nur äußere Flügel.
b = innere und äußere Flügel.
Flügelholz 50 × 50 mm.
Stockholz 46 mm.

Abb. 15

			Rahmen-stock	Pfostenstock		Pfosten- und Rahmenstock	
				a	b	a	b
Holzer-fordernis	Stock + 15% V. ..		—	0,0504	0,0504	0,0582	0,0582
	Sonstiges + 25% V.		0,0760	0,0567	0,1088	0,0718	0,1239
Kosten des		Holzes	7,60	9,70	14,91	11,84	17,05
	Lohnes	Bank	3,06	3,20	4,64	3,93	5,37
		Maschine	2,04	2,13	3,10	2,62	3,58
		Bau	0,30	0,30	0,60	0,30	0,60
		Gesamt	5,40	5,63	8,34	6,85	9,55
Unkostenzuschlag				Hundert v. H.			
Gestehungskosten			18,40	20,96	31,59	25,54	36,15
15% Gewinnzuschlag ..			3,76	3,15	4,74	3,83	5,42
Verkaufspreis			21,16	24,11	36,33	29,37	41,57

Nr. 24. Zweiflügelige Fenster in Stocklichte:

100 cm breit, 100 cm hoch, mit 20 cm breitem Fensterbrett, je 2 Quersprossen, ohne Deckleisten.

Grundlagen: Pfostenstockholz 80 W. E. je m³
sonstiges Holz 100 ,, ,, ,, ,,
1 Gehilfenstunde 1 ,, ,,

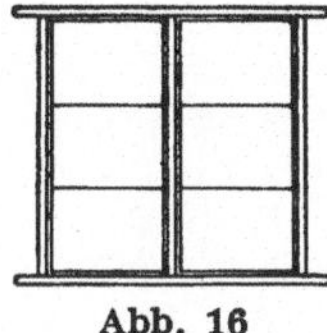

Abb. 16

a = nur äußere Flügel.
b = innere und äußere Flügel.
Flügelholz 50 × 50 mm.
Stockholz 46 mm.

		Rahm.-stock	Pfostenstock		Falzleisten		Rahmen- u. Pfostenstock	
			a	b	a	b	a	b
Holzerfordernis	Stock + 15% V. ..	—	0,0415	0,0415	0,0415	0,0415	0,0480	0,0480
	Sonstiges + 25% V.	0,0624	0,0470	0,0865	0,0564	0,0959	0,0583	0,0976
Kosten des	Holzes	6,24	8,02	11,97	8,96	12,91	9,67	13,60
	Lohnes Bank	2,83	2,97	4,26	3,13	4,42	3,65	4,94
	Maschine	1,90	1,98	2,84	2,10	2,95	2,43	3,30
	Bau	0,30	0,30	0,60	0,30	0,60	0,30	0,60
	Gesamt	5,03	5,25	7,70	5,53	7,97	6,38	8,84
Unkostenzuschlag		Hundert v. H.						
Gestehungskosten		16,30	18,52	27,37	20,02	28,85	22,43	31,28
15% Gewinnzuschlag ..		2,45	2,78	4,11	3,00	4,33	3,36	4,69
Verkaufspreis		18,75	21,30	31,48	23,02	33,18	25,80	35,97

Nr. 29. Zweiflügelige Fenster in Stocklichte:

125 cm breit, 160 cm hoch, mit 20 cm breitem Fensterbrett, je 3 Quersprossen, ohne Deckleisten.

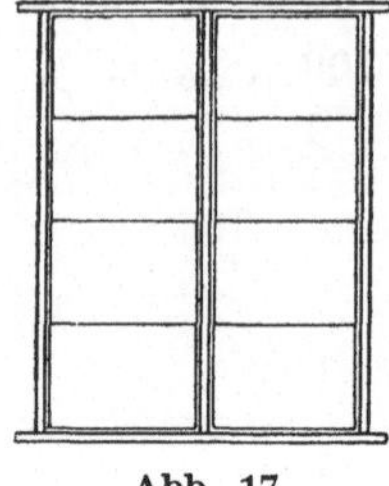

Abb. 17

Grundlagen: Pfostenstockholz 80 W. E. je m³

sonstiges Holz 100 „ „ „ „

1 Gehilfenstunde 1 „ „

a = nur äußere Flügel.
b = innere und äußere Flügel.
Flügelholz 50 × 50 mm.
Stockholz 46 mm.

		Rahmen-stock	Pfostenstock		Pfosten- und Rahmenstock	
			a	b	a	b
Holzer-fordernis	Stock + 15% V. . .	—	0,0580	0,0580	0,0670	0,0670
	Sonstiges + 25% V.	0,0891	0,0674	0,1269	0,0845	0,1443
Kosten des	Holzes	8,91	11,38	17,33	13,81	19,79
	Lohnes Bank	3,32	3,47	5,03	4,26	5,83
	Maschine	2,21	2,31	3,36	2,84	3,90
	Bau	0,30	0,30	0,60	0,30	0,60
	Gesamt	5,83	6,08	8,99	7,40	10,33
Unkostenzuschlag		Hundert v. H.				
Gestehungskosten		20,57	23,54	35,31	28,61	40,45
15% Gewinnzuschlag . .		3,09	3,53	5,30	4,29	6,07
Verkaufspreis		23,66	27,07	40,61	32,90	46,52

3. Dreiflügelige Fenster

Nr. 30. Dreiflügelige Fenster in Stocklichte:

80 cm breit, 160 cm hoch, mit 20 cm breitem Fensterbrett, Oberflügel, 1 aufrechte Sprosse, Unterflügel je 2 Quersprossen, ohne Deckleisten.

Abb. 18

Grundlagen: Pfostenstockholz 80 W. E. je m³
sonstiges Holz 100 „ „ „ „
1 Gehilfenstunde 1 „ „

a = nur äußere Flügel.
b = innere und äußere Flügel.
Flügelholz 50 × 50 mm.
Stockholz 46 mm.

		Rahm.-stock	Pfostenstock		Falzleisten		Rahmen- u. Pfostenstock	
			a	b	a	b	a	b
Holzerfordernis	Stock + 15% V. . .	—	0,0504	0,0504	0,0504	0,0504	0,0582	0,0582
	Sonstiges + 25% V.	0,0789	0,0609	0,1155	0,0680	0,1214	0,0733	0,1290
Kosten des	Holzes	7,89	10,12	15,58	10,83	16,17	11,99	17,56
	Lohnes — Bank	3,62	3,80	6,57	4,67	7,05	5,45	7,83
	Lohnes — Maschine	2,41	2,53	4,38	3,11	4,70	3,64	5,22
	Lohnes — Bau	0,46	0,46	0,92	0,46	0,92	0,46	0,92
	Lohnes — Gesamt	6,49	6,79	11,87	8,24	12,67	9,55	13,97
Unkostenzuschlag		H u n d e r t v. H.						
Gestehungskosten		20,87	23,70	39,32	27,31	41,51	31,09	45,50
15% Gewinnzuschlag . .		3,13	3,56	5,90	4,10	6,23	4,66	6,83
Verkaufspreis		24,—	27,26	45,22	31,41	47,74	35,75	52,33

Nr. 33. Dreiflügelige Fenster in Stocklichte:

80 cm breit, 300 cm hoch, mit 20 cm breitem Fensterbrett, Oberflügel mit Kreuzsprossen, Unterflügel mit je 3 Quersprossen, ohne Deckleisten.

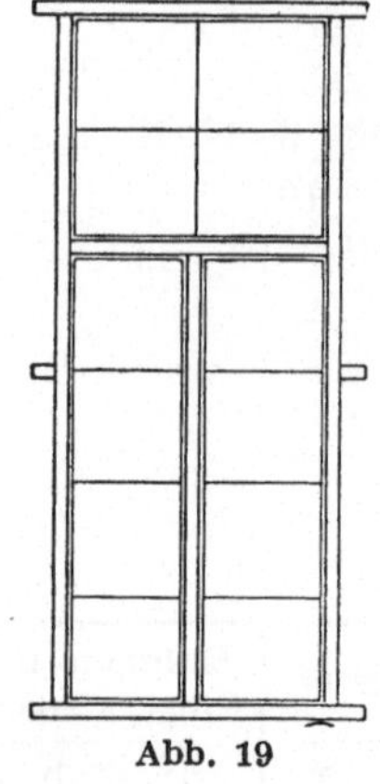

Abb. 19

Grundlagen: Pfostenstockholz 80 W. E. je m³
sonstiges Holz 100 „ „ „ „
1 Gehilfenstunde 1 „ „

a = nur äußere Flügel.
b = innere und äußere Flügel.
Flügelholz 50 × 50 mm.
Stockholz 50 mm.

			Rahmen-stock	Pfostenstock		Pfosten- und Rahmenstock	
				a	b	a	b
Holzerfordernis		Stock + 15% V. ..	—	0,0805	0,0805	0,0930	0,0930
		Sonstiges + 25% V.	0,1164	0,0883	0,1724	0,1133	0,1954
Kosten des		Holzes	11,64	15,27	23,68	18,77	26,98
	Lohnes	Bank	4,61	4,84	7,96	6,86	9,98
		Maschine	3,08	3,23	5,30	4,58	6,66
		Bau	0,50	0,50	1,—	0,50	1,—
		Gesamt	8,19	8,57	14,26	11,94	17,64
Unkostenzuschlag			Hundert v. H.				
Gestehungskosten			28,02	32,41	52,20	42,65	62,26
15% Gewinnzuschlag ..			4,20	4,86	7,83	6,40	9,40
Verkaufspreis.........			32,22	37,27	60,03	49,05	72,06

Nr. 36. Dreiflügelige Fenster in Stocklichte:

100 cm breit, 200 cm hoch, mit 20 cm breitem Fensterbrett, Oberflügel mit 1 aufrechten Sprosse, Unterflügel je 3 Quersprossen, ohne Deckleisten.

Abb. 20

Grundlagen: Pfostenstockholz   80 W. E. je m³
sonstiges Holz   100 „ „ „ „
1 Gehilfenstunde   1 „ „

a = nur äußere Flügel.
b = innere und äußere Flügel.
Flügelholz 50 × 50 mm.
Stockholz 46 mm.

		Rahm.-stock	Pfostenstock		Falzleisten		Rahmen- u. Pfostenstock	
			a	b	a	b	a	b
Holzerfordernis	Stock + 15% V. ..	—	0,0605	0,0605	0,0605	0,0605	0,0699	0,0699
Holzerfordernis	Sonstiges + 25% V.	0,1003	0,0784	0,1465	0,0866	0,1559	0,0975	0,1666
Kosten des	Holzes	10,03	12,68	19,49	13,50	20,43	15,34	22,25
Kosten des / Lohnes	Bank	3,90	4,09	6,67	5,00	7,58	5,83	8,41
Kosten des / Lohnes	Maschine	2,60	2,72	4,45	3,34	5,06	3,90	5,60
Kosten des / Lohnes	Bau	0,46	0,46	0,92	0,46	0,92	0,46	0,92
Kosten des / Lohnes	Gesamt	6,96	7,27	12,04	8,80	13,56	10,19	14,93
Unkostenzuschlag			H u n d e r t v. H.					
Gestehungskosten		23,95	27,22	43,57	31,10	47,55	35,72	52,11
15% Gewinnzuschlag ..		3,59	4,08	6,54	4,67	7,13	5,36	7,82
Verkaufspreis..........		27,54	31,30	50,11	35,77	54,68	41,08	59,93

Nr. 37. Dreiflügelige Fenster in Stocklichte:

100 cm breit, 250 cm hoch, mit 20 cm breitem Fensterbrett, Oberflügel mit Kreuzsprossen, Unterflügel je 3 Quersprossen, ohne Deckleisten.

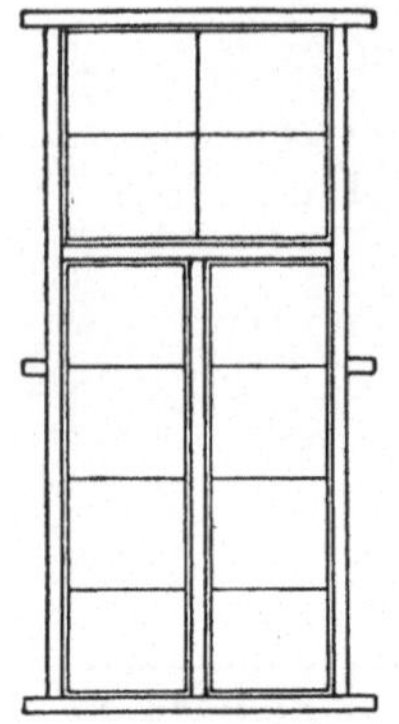

Abb. 21

Grundlagen: Pfostenstockholz   80 W. E. je m³

sonstiges Holz   100 „   „   „   „

1 Gehilfenstunde   1 „   „

a = nur äußere Flügel.

b = innere und äußere Flügel.

Flügelholz 50 × 50 mm.

Stockholz 50 mm.

		Rahmenstock	Pfostenstock		Pfosten- und Rahmenstock	
			a	b	a	b
Holzerfordernis	Stock + 15% V. . .	—	0,0750	0,0750	0,0867	0,0867
	Sonstiges + 25% V.	0,1120	0,0870	0,1665	0,1091	0,1870
Kosten des	Holzes	11,20	14,70	22,65	17,85	25,64
	Lohnes Bank	4.35	4,55	7,48	6,42	9,64
	Lohnes Maschine	2,90	3,03	4,99	4,28	6,43
	Lohnes Bau	0,50	0,50	1,—	0,50	1,—
	Lohnes Gesamt	7,75	8,08	13,47	11,20	17,07
Unkostenzuschlag		H u n d e r t v. H.				
Gestehungskosten		26,70	30,86	49,59	40,25	59,78
15% Gewinnzuschlag . .		4,01	4,63	7,44	6,04	8,97
Verkaufspreis		30,71	35,49	57,03	46,29	68,75

Nr. 38. Dreiflügelige Fenster in Stocklichte:

100 cm breit, 300 cm hoch, mit 20 cm breitem Fensterbrett, Oberflügel mit Kreuzsprossen, Unterflügel je 3 Quersprossen, ohne Deckleisten.

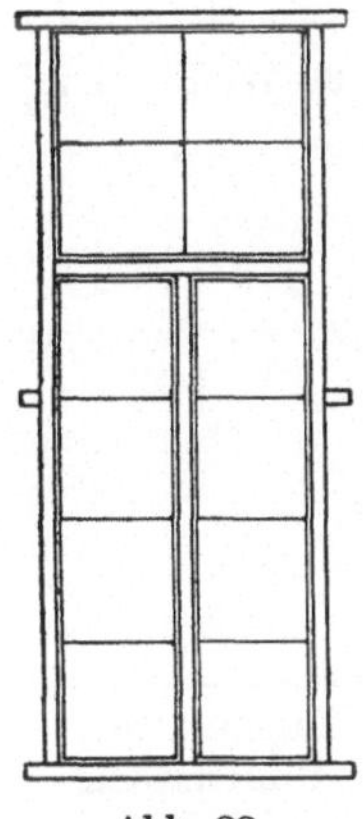

Abb. 22

Grundlagen: Pfostenstockholz 80 W. E. je m³
sonstiges Holz 100 „ „ „ „
1 Gehilfenstunde 1 „ „

a = nur äußere Flügel.
b = innere und äußere Flügel.
Flügelholz 50 × 50 mm.
Stockholz 50 mm.

		Rahmen-stock	Pfostenstock		Pfosten- und Rahmenstock	
			a	b	a	b
Holzerfordernis	Stock + 15% V. ...	—	0,0842	0,0842	0,0973	0,0973
	Sonstiges + 25% V.	0,1248	0,0961	0,1851	0,1223	0,2099
Kosten des	Holzes	12,48	16,35	25,25	20,01	28,77
	Lohnes — Bank	4,81	5,05	8,30	7,15	10,40
	Lohnes — Maschine	3,21	3,37	5,54	4,77	6,94
	Lohnes — Bau	0,50	0,50	1,—	0,50	1,—
	Lohnes — Gesamt	8,52	8,92	14,84	12,42	18,34
Unkostenzuschlag		Hundert v. H.				
Gestehungskosten		29,52	34,19	54,93	44,85	65,45
15% Gewinnzuschlag ..		4,43	5,13	8,24	6,73	9,82
Verkaufspreis		33,95	39,32	63,17	51,58	75,27

Nr. 39. Dreiflügelige Fenster in Stocklichte:

125 cm breit, 160 cm hoch, mit 20 cm breitem Fensterbrett, Oberflügel mit 1 aufrechten Sprosse, Unterflügel je 2 Quersprossen,
ohne Deckleisten.

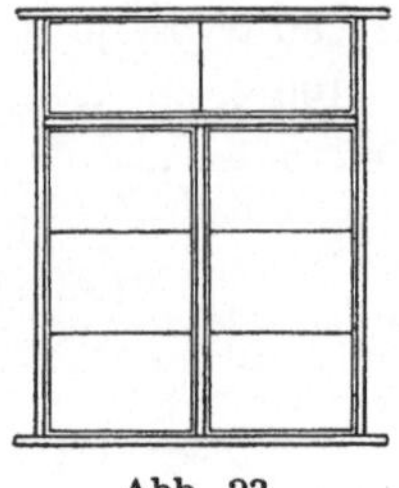

Abb. 23

Grundlagen: Pfostenstockholz   80 W. E. je m³
sonstiges Holz   100 „ „ „ „
1 Gehilfenstunde   1 „ „

a = nur äußere Flügel.
b = innere und äußere Flügel.
Flügelholz 50 × 50 mm.
Stockholz · 46 mm.

		Rahmen-stock	Pfostenstock		Pfosten- und Rahmenstock	
			a	b	a	b
Holzerfordernis	Stock + 15% V. ..	—	0,0580	0,0580	0,0670	0,0670
	Sonstiges + 25% V.	0,0960	0,0769	0,1428	0,0918	0,1459
Kosten des	Holzes	9,60	12,33	18,92	14,54	19,95
	Lohnes Bank	3,77	3,96	6,42	5,67	8,13
	Maschine	2,51	2,64	4,28	3,78	5,42
	Bau	0,46	0,46	0,92	0,46	0,92
	Gesamt	6,74	7,06	11,62	9,91	14,47
Unkostenzuschlag		Hundert v. H.				
Gestehungskosten		23,08	26,45	42,16	34,36	48,89
15% Gewinnzuschlag ..		3,46	3,97	6,32	5,15	7,33
Verkaufspreis..........		26,54	30,42	48,48	39,51	56,22

Nr. 40. Dreiflügelige Fenster in Stocklichte:

125 cm breit, 200 cm hoch, mit 20 cm breitem Fensterbrett, Oberflügel mit 1 aufrechten Sprosse, Unterflügel je 3 Quersprossen,
ohne Deckleisten.

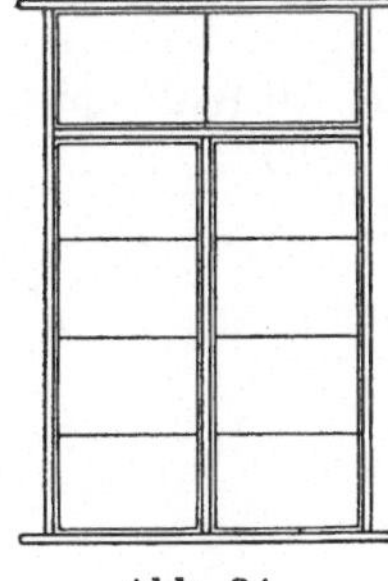

Abb. 24

Grundlagen: Pfostenstockholz 80 W. E. je m³
sonstiges Holz   100 „ „ „ „
1 Gehilfenstunde   1 „ „

a = nur äußere Flügel.
b = innere und äußere Flügel.
Flügelholz 50 × 50 mm.
Stockholz 46 mm.

		Rahmen-stock	Pfostenstock		Pfosten- und Rahmenstock	
			a	b	a	b
Holzerfordernis	Stock + 15% V. ...	—	0,0647	0,0647	0,0749	0,0749
	Sonstiges + 25% V.	0,1101	0,0876	0,1650	0,1083	0,1841
Kosten des	Holzes	11,01	13,94	21,68	16,82	24,40
	Lohnes — Bank	3,94	4,12	6,74	5,90	8,53
	Lohnes — Maschine	2,63	2,75	4,50	3,94	5,70
	Lohnes — Bau	0,46	0,46	0,92	0,46	0,92
	Lohnes — Gesamt	7,03	7,33	12,16	10,30	15,15
Unkostenzuschlag		H u n d e r t v. H.				
Gestehungskosten		25,07	28,60	46,00	37,42	54,70
15% Gewinnzuschlag ..		3,76	4,29	6,90	5,61	8,20
Verkaufspreis..........		28,83	32,89	52,90	43,03	62,90

4. Vierflügelige Fenster

Nr. 44. Vierflügelige Fenster in Stocklichte:

80 cm breit, 160 cm hoch, mit 20 cm breitem Fensterbrett, Unterflügel je 2 Quersprossen, ohne Deckleisten.

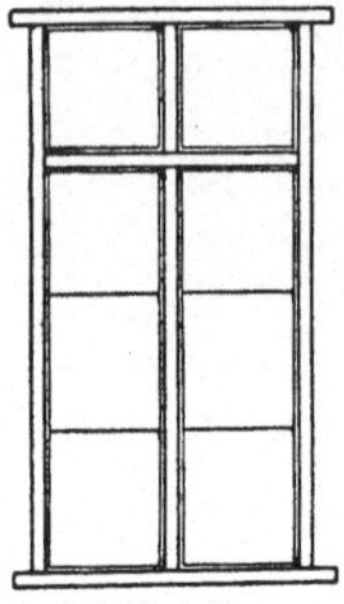

Abb. 25

Grundlagen: Pfostenstockholz   80 W. E. je m³

sonstiges Holz   100 „   „   „   „

1 Gehilfenstunde   1 „   „

a = nur äußere Flügel.
b = innere und äußere Flügel.
Flügelholz 50 × 50 mm.
Stockholz 46 mm.

		Rahm.-stock	Pfostenstock		Falzleisten		Rahmen- u. Pfostenstock	
			a	b	a	b	a	b
Holzerfordernis	Stock + 15% V. ...	—	0,0504	0,0504	0,0504	0,0504	0,0582	0,0582
	Sonstiges + 25% V.	0,0834	0,0643	0,1233	0,0738	0,1321	0,0764	0,1373
Kosten des	Holzes	8,34	10,46	16,36	11,41	17,24	12,30	18,39
	Lohnes Bank	3,93	4,34	6,90	5,10	7,64	5,95	8,50
	Maschine	2,62	2,89	4,60	3,40	5,10	3,97	5,67
	Bau	0,60	0,60	1,20	0,60	1,20	0,60	1,20
	Gesamt	7,15	7,83	12,70	9,10	13,94	10,52	15,37
Unkostenzuschlag		H u n d e r t v. H.						
Selbstkosten		22,64	26,12	41,76	29,61	45,12	33,34	49,13
15% Gewinnzuschlag ..		3,40	3,92	6,26	4,44	6,77	5,00	7,37
Verkaufspreis		26,04	30,04	48,02	34,05	51,89	38,34	50,50

Nr. 45. Vierflügelige Fenster in Stocklichte:

80 cm breit, 200 cm hoch, mit 20 cm breitem Fensterbrett, Unterflügel je 3 Quersprossen, ohne Deckleisten.

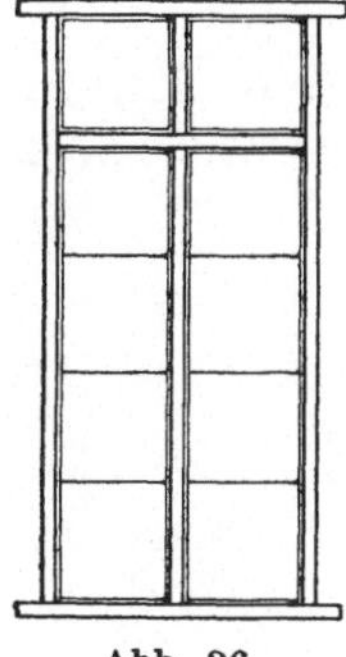

Abb. 26

Grundlagen: Pfostenstockholz 80 W. E. je m³
sonstiges Holz 100 „ „ „ „
1 Gehilfenstunde 1 „ „

a = nur äußere Flügel.
b = innere und äußere Flügel.
Flügelholz 50 × 50 mm.
Stockholz 46 mm.

		Rahmen-stock	Pfostenstock		Pfosten- und Rahmenstock	
			a	b	a	b
Holzerfordernis	Stock + 15% V. ..	—	0,0572	0,0572	0,0660	0,0660
	Sonstiges + 25% V.	0,0965	0,0865	0,1438	0,0920	0,1611
Kosten des	Holzes	9,65	13,23	18,96	14,48	21,39
	Lohnes — Bank	4,12	4,65	7,37	6,18	8,89
	Lohnes — Maschine	2,75	3,10	4,92	4,12	5,93
	Lohnes — Bau	0,60	0,60	1,20	0,60	1,20
	Lohnes — Gesamt	7,47	8,35	13,49	10,90	16,02
Unkostenzuschlag		Hundert v. H.				
Gestehungskosten		24,59	29,93	45,94	36,28	53,43
15% Gewinnzuschlag ..		3,69	4,49	6,89	5,44	8,01
Verkaufspreis..........		28,28	34,42	52,83	41,72	61,44

Nr. 50. Vierflügelige Fenster, in Stocklichte:

100 cm breit, 200 cm hoch, mit 20 cm breitem Fensterbrett, Unterflügel je 3 Quersprossen, ohne Deckleisten.

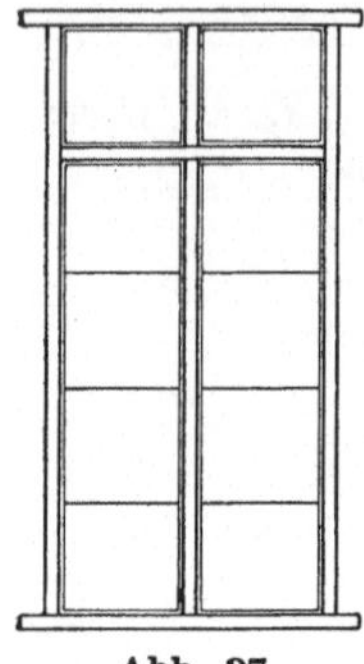

Grundlagen: Pfostenstockholz 80 W. E. je m³
sonstiges Holz 100 „ „ „ „
1 Gehilfenstunde 1 „ „

a = nur äußere Flügel.
b = innere und äußere Flügel.
Flügelholz 50 × 50 mm.
Stockholz 46 mm.

Abb. 27

		Rahm.-stock	Pfostenstock		Falzleisten		Rahmen- u. Pfostenstock	
			a	b	a	b	a	b
Holzerfordernis	Stock + 15% V. ..	—	0,0605	0,0605	0,0605	0,0605	0,0699	0,0699
	Sonstiges + 25% V.	0,1044	0,0811	0,1565	0,0950	0,1688	0,1005	0,1748
Kosten des	Holzes	10,44	12,95	20,49	14,34	21,72	15,64	23,07
	Bank	4,22	4,74	7,51	5,42	8,20	6,32	9,10
	Maschine	2,81	3,16	5,00	3,62	5,47	4,22	6,07
	Bau	0,60	0,60	1,20	0,60	1,20	0,60	1,20
	Gesamt	7,63	8,50	13,71	9,64	14,87	11,14	16,37
Unkostenzuschlag		H u n d e r t v. H.						
Selbstkosten		25,70	29,95	47,91	33,62	51,46	37,92	55,81
15% Gewinnzuschlag ..		3,86	4,49	7,18	5,04	7,72	5,69	8,37
Verkaufspreis..........		29,56	34,44	55,09	38,66	59,18	43,61	64,18

Nr. 52. Vierflügelige Fenster, in Stocklichte:

100 cm breit, 300 cm hoch, mit 20 cm breitem Fensterbrett, Oberflügel je 1 Quersprosse, Unterflügel je 3 Quersprossen, ohne Deckleisten.

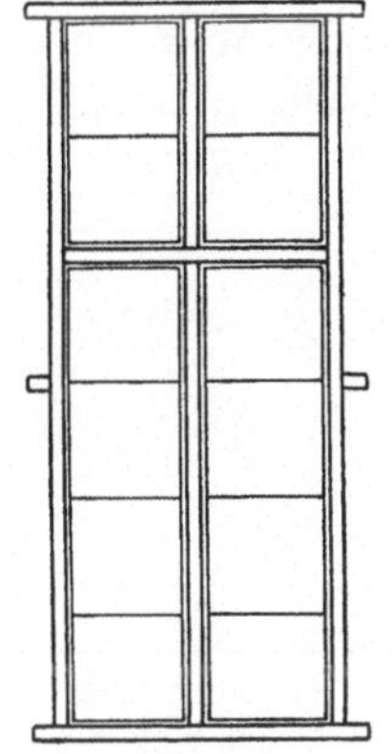

Abb. 28

Grundlagen: Pfostenstockholz 80 W. E. je m³
sonstiges Holz 100 „ „ „ „
1 Gehilfenstunde 1 „ „

a = nur äußere Flügel.
b = innere und äußere Flügel.
Flügelholz 50 × 50 mm.
Stockholz 50 mm.

		Rahmen-stock	Pfostenstock		Rahmen- und Pfostenstock	
			a	b	a	b
Holzer-fordernis	Stock + 15% V. ..	—	0,0842	0,0842	0,0973	0,0973
	Sonstiges + 25% V.	0,1358	0,1049	0,2049	0,1298	0,2290
Kosten des	Holzes	13,58	17,23	27,23	20,76	30,68
	Bank	5,03	5,52	8,92	7,57	10,93
	Maschine	3,36	3,68	5,95	5,05	7,30
	Bau	0,65	0,65	1,30	0,65	1,30
	Gesamt	9,04	9,85	16,17	13,27	19,53
Unkostenzuschlag		H u n d e r t v. H.				
Gestehungskosten		31,66	36,39	59,57	47,30	69,74
15% Gewinnzuschlag ..		4,75	5,46	8,94	7,10	10,46
Verkaufspreis		36,41	41,85	68,51	54,40	80,20

Nr. 54. Vierflügelige Fenster, in Stocklichte:

125 cm breit, 200 cm hoch, mit 20 cm breitem Fensterbrett, Unterflügel je 3 Quersprossen, ohne Deckleisten.

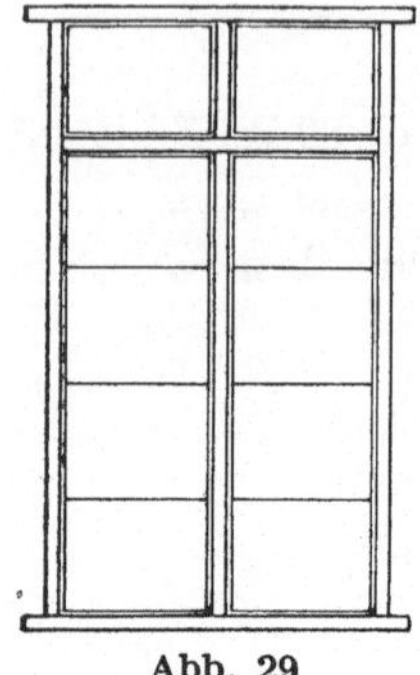

Abb. 29

Grundlagen: Pfostenstockholz   80 W. E. je m³

sonstiges Holz   100 ,, ,, ,, ,,

1 Gehilfenstunde   1 ,, ,,

a = nur äußere Flügel.
b = innere und äußere Flügel.
Flügelholz 50 × 50 mm.
Stockholz 46 mm.

		Rahmen-stock	Pfostenstock		Rahmen- und Pfostenstock	
			a	b	a	b
Holzerfordernis	Stock + 15% V. ...	—	0,0647	0,0647	0,0749	0,0749
	Sonstiges + 25% V.	0,1143	0,0909	0,1728	0,1113	0,1921
Kosten des	Holzes	11,43	14,27	22,46	17,12	25,20
	Lohnes — Bank	4,25	4,68	7,48	6,40	9,20
	Lohnes — Maschine	2,81	3,09	4,94	4,22	6,07
	Lohnes — Bau	0,60	0,60	1,20	0,60	1,20
	Lohnes — Gesamt	7,66	8,37	13,62	11,22	16,47
Unkostenzuschlag		H u n d e r t v. H.				
Gestehungskosten		26,75	31,01	49,70	39,56	58,14
15% Gewinnzuschlag ..		4,01	4,65	7,46	5,93	8,72
Verkaufspreis		30,76	35,66	57,16	45,49	66,86

Nr. 56. Vierflügelige Fenster in Stocklichte:

125 cm breit, 300 cm hoch, mit 20 cm breitem Fensterbrett, Oberflügel je 1 Quersprosse, Unterflügel je 3 Quersprossen, ohne Deckleisten.

Abb. 30

Grundlagen: Pfostenstockholz   80 W. E. je m³

sonstiges Holz   100 „ „ „ „

1 Gehilfenstunde   1 „ „

a = nur äußere Flügel.
b = innere und äußere Flügel.
Flügelholz 50 × 50 mm.
Stockholz 50 mm.

		Rahmen-stock	Pfostenstock		Pfosten- und Rahmenstock	
			a	b	a	b
Holzer-fordernis	Stock + 15% V. ..	—	0,0888	0,0888	0,1027	0,1027
	Sonstiges + 25% V.	0,1491	0,1135	0,2205	0,1410	0,2471
Kosten des	Holzes	14,91	18,45	29,15	22,32	32,93
	Lohnes Bank	5,23	5,77	9,27	7,86	11,35
	Maschine	3,45	3,81	6,12	5,19	7,49
	Bau	0,65	0,65	1,30	0,65	1,30
	Gesamt	9,33	10,23	16,69	13,70	20,14
Unkostenzuschlag			H u n d e r t v. H.			
Gestehungskosten		33,57	38,91	62,53	49,97	73,21
15% Gewinnzuschlag ..		5,04	5,84	9,38	7,50	10,98
Verkaufspreis.........		38,61	44,75	71,91	57,47	84,19

5. Dreiteilige Fenster.

Nr. 70. Dreiteilige Fenster in Stocklichte:

150 cm breit, 200 cm hoch, mit 20 cm breitem Fensterbrett, Unterflügel je 3 Quersprossen, ohne Deckleisten.

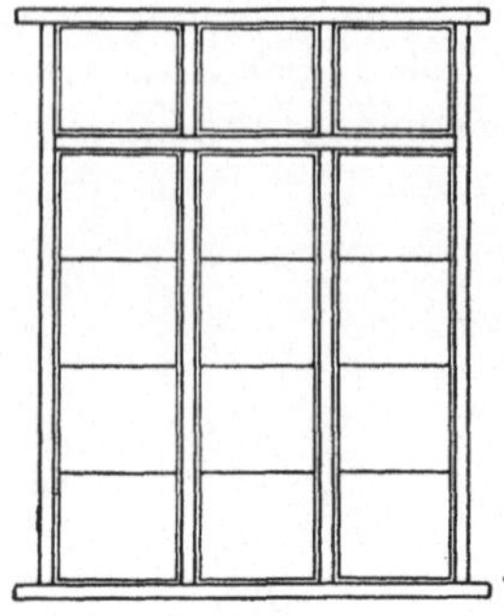

Abb. 31

Grundlagen: Pfostenstockholz 80 W. E. je m³
sonstiges Holz 100 „   „   „   „
1 Gehilfenstunde 1 „   „

a = nur äußere Flügel.
b = innere und äußere Flügel.
Flügelholz 50 × 50 mm.
Stockholz 46 mm.

		Rahmen-stock	Pfostenstock		Pfosten- und Rahmenstock	
			a	b	a	b
Holzerfordernis	Stock + 15% V. ..	—	0,0690	0,0690	0,0798	0,0798
	Sonstiges + 25% V.	0,1445	0,1194	0,2280	0,1460	0,2521
Kosten des	Holzes	14,45	17,46	28,32	20,98	31,59
	Lohnes Bank	6,26	6,92	11,10	9,44	13,60
	Maschine	4,17	4,62	7,40	6,30	9,07
	Bau	0,90	0,90	1,80	0,90	1,80
	Gesamt	11,33	12,44	20,30	16,64	24,47
Unkostenzuschlag		H u n d e r t v. H.				
Gestehungskosten		37,11	42,34	68,92	54,26	80,53
15% Gewinnzuschlag ..		5,57	6,35	10,34	8,14	12,08
Verkaufspreis		42,68	48,69	79,26	62,40	92,61

6. Ergänzungen zu den Fenstern

Grundlagen: 1 m³ Holz   100 W. E.
1 Gehilfenstunde   1 „ „

Nr. 63 u. 64. Jalousiekastel

für je 100 cm Fensterbreite
verdeckt   sichtbar (ohne Türl)

	verdeckt	sichtbar (ohne Türl)
Holzmehrerfordernis	1,40	1,50 W. E.
Kosten des Banklohnes	0,47	0,60 „ „
Kosten der Maschinenarbeit	0,31	0,40 „ „
Unkostenzuschlag	0,78	1,— „ „
Gestehungskosten	2,96	3,50 W. E.
15 v. H. Gewinnzuschlag	0,44	0,53 „ „
Verkaufspreis	3,40	4,03 W. E.

Nr. 66 u. 67. Rollbalkenkastel für Holzrollbalken bei Fenstergröße
1 × 2 m.

	ohne Stock	mit Stock
Fichten- u. Föhrenholz 0,0475 m³ (0,0692 m³)	4,75	6,92 W. E.
Banklohn	1,90	2,72 „ ,
Maschinenarbeit	1,25	1,80 „ „
Unkostenzuschlag	3,15	4,52 „ „
	11,05	15,96 W. E.
15 v. H. Gewinnzuschlag	1,65	2,40 „ „
Verkaufspreis	12,70	18,36 W. E.

Nr. 71. Nut- oder Fugdeckleiste.

Holz	0,10 W. E.
Banklohn	0,06 „ „
Maschinenarbeit	0,04 „ „
Baulohn	0,12 „ „
Unkostenzuschlag	0,22 „ „
	0,54 W. E.
15 v. H. Gewinnzuschlag	0,08 „ „
Verkaufspreis	0,62 W. E.

III. Äußere Fensterladen

mit festen oder beweglichen Bretteln, Flügelholz
50 × 60 mm, unteres Zapfenstück 50 × 70 mm,
Ausspreizflügel 50 × 50 mm.

Nr. 78. Zweiflügelig, 100 cm breit, 100 cm hoch.

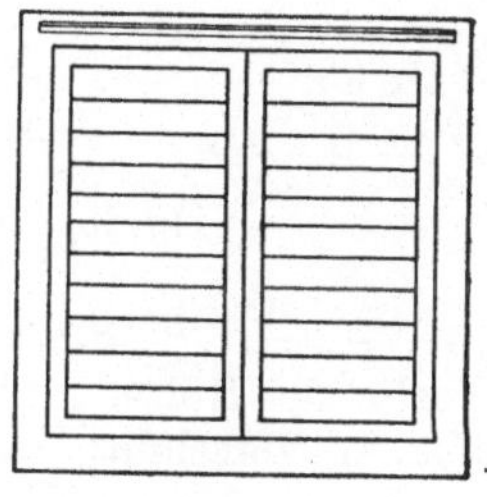

	ohne Stock		mit 50 × 80 mm Stock	
	Ausspreizflügel		Ausspreizflügel	
	ohne	mit	ohne	mit
Kosten des Holzes	4,33	5,74	7,01	8,42 W. E.
25 v. H. Verschnitt	1,08	1,44	1,75	2,11 „ „
Vortrag	5,41	7,18	8,76	10,53 W. E.

Abb. 32

Übertrag....	5,41	7,18	8,76	10,53 W. E.
Kosten des Banklohnes........	2,32	3,05	2,93	3,62 W. E.
„ der Maschine..........	2,32	3,05	2,93	3,62 „ „
„ des Baulohnes........	0,46	0,80	0,46	0,80 „ „
100 v. H. Unkostenzuschlag.....	5,10	6,90	6,32	8,04 „ „
Selbstkosten..................	15,61	20,98	21,40	26,61 W. E.
15 v. H. Gewinnzuschlag	2,34	3,15	3,21	3,99 „ „
Verkaufspreis	17,95	24,13	24,61	30,60 W. E.

Nr. 79. Zweiflügelig 100 cm breit, 160 cm hoch.

Grundlagen: 1 m³ Holz 100 W. E.

1 Gehilfenstunde 1 „ „

	ohne Stock		mit 50 × 80 mm Stock	
	Ausspreizflügel		Ausspreizflügel	
	ohne	mit	ohne	mit
Kosten des Holzes	6,42	8,46	9,79	11,83 W. E.
25 v. H. Verschnitt	1,61	2,12	2,45	2,96 „ „
	8,03	10,58	12,24	14,79 W. E.
Kosten des Banklohnes........	3,71	4,88	4,69	5,79 „ „
„ der Maschine	3,71	4,88	4,69	5,79 „ „
„ des Baulohnes	0,46	0,80	0,46	0,80 „ „
100 v. H. Unkostenzuschlag	7,88	10,56	9,84	12,38 „ „
Selbstkosten	23,79	31,70	31,92	39,55 W. E.
15 v. H. Gewinnzuschlag	3,57	4,76	4,79	5,93 „ „
Verkaufspreis	27,36	36,46	36,71	45,48 W. E.

IV. Verstemmte Fensterladen

aus 26 mm starken, 100 mm breiten Friesen (bei 200 cm hohen und höheren Fenstern aus 33 mm starken Friesen), mit 20 mm starken, abgeplatteten Füllungen, mit 50 × 90 mm starkem Verdopplungsstock.

Grundlagen: 1 m³ Holz 100 W. E.

1 Gehilfenstunde 1 „ „

	Nr. 82	Nr. 83	Nr. 84	Nr. 85	Nr. 86	Nr. 87 u. 87a
	einteilig	zweiteilig		dreiteilig		vierteilig
breit	50 cm	100 cm	100 cm	100 cm		
hoch	100 cm	100 cm	160 cm	200 cm		
Kosten des Holzes .	2,98	4,84	6,91	9,22	10,13	10,90 W. E.
25 v. H. Verschnitt	0,75	1,21	1,73	2,30	2,53	2,73 „ „
Vortrag...	3,73	6,05	8,64	11,52	12,66	13,63 W. E.

Übertrag...	3,73	6,05	8,64	11,52	12,66	13,63 W. E.
Kosten d. Bankl. ..	2,80	4,85	5;40	5,71	6,73	7,77 „ „
„ „ Maschine	1,85	3,20	3,56	3,77	4,44	5,13 „ „
„ „ Baulohn.	1,50	2,00	2,20	2,29	3,05	3,81 „ „
100 v. H. Unkostenzuschlag	6,15	10,05	11,16	11,77	14,22	16,71 „ „
Selbstkosten	16,03	26,15	30,96	35,06	41,10	47,05 W. E.
15 v. H. Gewinnzuschlag	2,40	3,92	4,64	5,26	6,17	7,06 „ „
Verkaufspreis	18,43	30,07	35,60	40,32	47,27	54,11 W. E.

V. Innere Fensterbalken (gehende Spaletten)

mit 50×90 mm Verdopplungsstock mit ausgeschalten Mauerkästen und verstemmter Rückwand (Friese 20 mm, Füllungen 14 mm), mit verstemmter Brustwand und gekehlten, 13 cm breiten Zierverkleidungen

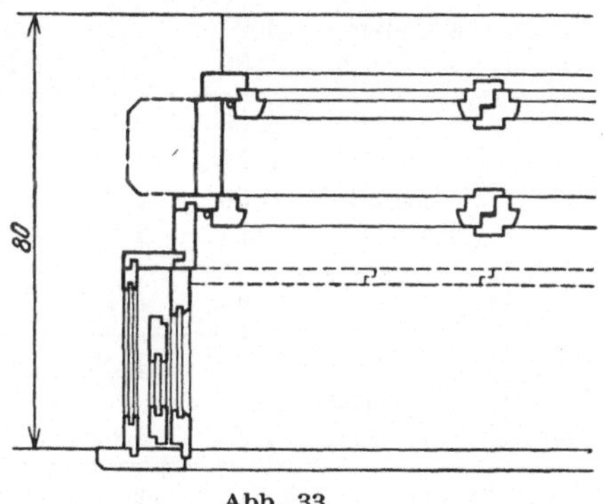

Abb. 33

Grundlagen:

1 m³ Holz	100 W. E.	
1 Gehilfenstunde	1 „	„

Fensterstocklichte

	Nr. 88	Nr. 89	Nr. 90	Nr. 91	Nr. 92	Nr. 93
breit	100 cm		100 cm			
hoch	160 cm		200 cm			
	zwei-	drei-		vier-	fünf-	sechs-
			teilig			
Kosten des Holzes .	21,50	25,00	26,28	27,53	28,78	30,03 W. E.
25 v. H. Verschnitt	5,38	6,25	6,57	6,88	7,20	7,51 „ „
	26,88	31,25	32,85	34,41	35,98	37,54 W. E.
Kosten d. Bankl. ..	12,80	13,35	14,50	15,60	16,70	17,80 „ „
„ „ Maschine	8,45	8,81	9,57	10,40	11,02	11,75 „ „
„ „ Baulohn.	11,50	12,19	13,71	15,23	16,75	18,27 „ „
100 v. H. Unkostenzuschlag	32,75	34,36	37,78	41,23	44,47	47,82 „ „
Selbstkosten	92,38	99,97	108,41	116,87	124,92	133,18 W. E.
15 v. H. Gewinnzuschlag	13,86	15,00	16,26	17,53	18,74	19,98 „ „
Verkaufspreis	106,24	114,97	124,67	134,40	143,66	153,16 W. E.

VI. Eckverkleidungen zu Fenstern und Türen

wenn glatt 90 mm breit, 26 mm stark, wenn gekehlt mit aufgeleimter
Leiste 130 mm breit, 20 mm stark

Grundlagen: 1 m³ Holz   100 W. E.
     1 Gehilfenstunde 1 „ „

	Nr. 96	Nr. 96	Nr. 100 101	Nr. 100 101	Nr. 103	Nr. 103
Mauerlichte	glatt	gekehlt	glatt	gekehlt	glatt	gekehlt
breit	150 cm		200 cm (auch 100 cm		200 cm	
hoch	210 cm		250 cm (und 300 cm)		300 cm	
Kosten des Holzes .	1,91	2,46	2,31	2,96	2,62	3,36 W. E.
20 v. H. Verschnitt	0,39	0,50	0,46	0,61	0,53	0,68 „ „
	2,30	2,96	2,77	3,57	3,15	4,04 W. E.
Kosten d. Bankl. ...	0,90	1,41	1,15	1,65	1,20	1,70 „ „
„ „ Maschine	0,60	0,94	0,77	1,10	0,80	1,13 „ „
„ „ Baulohn.	1,74	1,80	1,80	1,85	1,80	1,85 „ „
100 v. H. Unkosten- zuschlag	3,24	4,15	3,72	4,60	3,80	4,68 „ „
Selbstkosten	8,78	11,26	10,21	12,77	10,75	13,40 W. E.
15 v. H. Gewinnzu- schlag	1,32	1,69	1,53	1,92	1,61	2,01 „ „
Verkaufspreis	10,10	12,95	11,74	14,69	12,36	15,41 W. E.

VII. Brustwände

gestemmt und gekehlt, **85 cm hoch,** aus 26 mm dicken, 12 cm breiten
Friesen, mit 20 mm dicken Füllungen und 14 mm dickem Sockel

Grundlagen: 1 m³ Holz   100 W. E.
     1 Gehilfenstunde 1 „ „

	Nr. 104 70 cm breit	Nr. 106 125 cm breit	Nr. 107 150 cm breit	Nr. 109 250 cm breit
Kosten des Holzes	1,83	3,05	3,66	5,96 W. E.
20 v. H. Verschnitt	0,37	0,61	0,74	1,19 „ „
Vortrag ...	2,20	3,66	4,40	7,15 W. E.

Übertrag...	2,20	3,66	4,40	7,15 W. E.
Kosten des Banklohnes..	1,22	1,83	2,44	3,66 „ „
„ der Maschine ...	0,81	1,22	1,63	2,44 „ „
„ des Baulohnes ..	1,68	1,68	1,68	2,40 „ „
100 v. H. Unkosten- zuschlag	3,71	4,73	5,75	8,50 „ „
Selbstkosten...........	9,62	13,12	15,90	24,15 W. E.
15 v. H. Gewinnzuschlag	1,44	1,97	2,39	3,62 „ „
Verkaufspreis	11,06	15,09	18,29	27,77 W. E.

VIII. Blindspaletten für Fenster (Fensterfutter)

samt Seitenwänden, ohne Brustwand und ohne Zierverkleidungen,
nur Spaletten allein mit 27 mm dicken, 12 cm breiten Friesen und 20 mm
dicken Füllungen

Nr. 113 für Fensterstocklichte **100 cm breit, 200 cm hoch.**

Grundlagen: 1 m³ Holz   100 W. E.
1 Gehilfenstunde   1 „ „

	10 bis 15 cm tief glatt	15 bis 20 cm tief ausge- gründet	25 bis 30 cm tief	40 bis 45 cm tief	55 bis 60 cm tief
			g e s	t e m m t	
Kosten d. Holzes	3,04	4,05	5,28	7,92	10,90 W. E.
20 v. H. Verschnitt .	0,61	0,80	1,06	1,57	2,17 „ „
	3,65	4,85	6,34	9,49	13,07 W. E.
Kosten d. Banklohn.	0,45	1,45	3,73	4,10	6,24 „ „
„ „ Maschine..	0,30	0,96	2,75	3,50	4,16 „ „
„ „ Baulohnes.	2,—	2,52	3,20	3,20	3,20 „ „
100 v. H. Unkosten- zuschlag	2,75	4,93	9,68	10,80	13,60 „ „
Selbstkosten........	9,15	14,71	25,70	31,09	40,27 W. E.
15 v. H. Gewinnzu- schlag	1,37	2,21	3,86	4,66	6,04 „ „
Verkaufspreis	10,52	16,92	29,56	35,75	46,31 W. E.

dieselben samt 85 cm hoher Brustwand und gekehlten Zierverkleidungen

Brustwand, vgl. oben	14,50	14,50	14,50	14,50	14,50 W. E.
Zierverkl., vgl. S. 61 .	10,90	10,90	10,90	10,90	10,90 „ „
Vollständige Spalette	35,92	42,32	54,96	61,15	71,71 W. E.

Wenn glatte Zierverkleidung 3,60 W. E. billiger.

4*

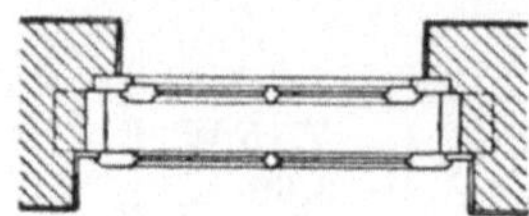

IX. Balkon-
a) Einflügelige

Nr. 242, 243, 246—249. Jeder Türflügel mit einer Brüstungsfüllung, aus 27 mm dickem Holz und je 3 Quersprossen, ohne Fußtritt und ohne Deckleisten.

Holzstärken

Rahmenstock	50 × 80 mm
Falzleisten	27 × 80 „
Oberlichtflügel	56 × 50 „
Füllungen	27 mm

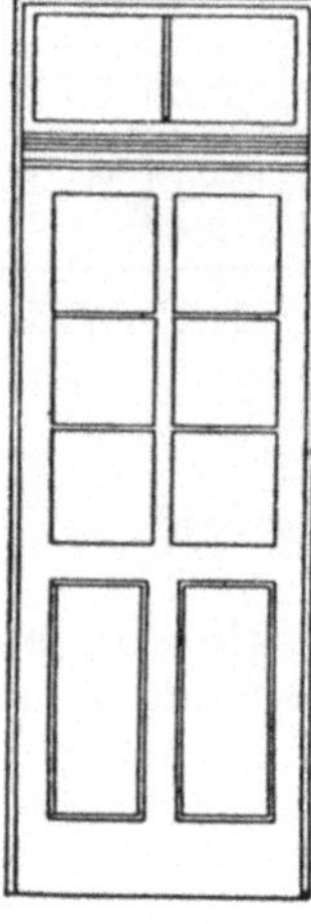

Abb. 41

		mit einflügeliger Oberlichte					ein-
		0,80 × 2,40					
		einfach			doppelt		ein-
		Rahmen-stock	Pfosten-stock	Pfosten- und Rahmen-stock	Pfosten-stock	Pfosten- und Rahmen-stock	Rahmen-stock
		2	4	2	2	4 3	2
Holzerfor-dernis in m³	Pfostenstock	—	0,0797	0,0828	0,0797	0,0828	—
	Sonstiges	0,1268	0,1079	0,1268	0,2157	0,2463	0,1466
Holzkosten..........		12,68	17,16	19,30	27,95	31,25	14,66
Lohn	Bank	6,70	6,80	8,45	12,70	14,30	6,80
	Maschine	4,42	4,49	5,58	8,38	9,44	4,49
	Bau............	1,22	1,22	1,22	2,44	2,44	1,22
	Gesamt	12,34	12,51	15,25	23,52	26,18	12,51
Unkostenzuschlag		Hundert v. H.					
Selbstkosten		37,36	42,18	49,80	74,99	83,61	39,68
15% Gewinnzuschlag .		5,60	6,33	7,47	11,25	12,54	5,95
Verkaufspreis		42,96	48,51	57,27	86,24	96,15	45,63

türen

Balkontüren

Grundlagen: 1 m³ Pfostenstockholz   80 W. E.
1 „   sonstiges Holz   100 „   „
1 Gehilfenstunde   1 „   „

Rohmaße:

Pfostenstock .. 50 × 185 mm
Kämpfer ..... 65 × 50   „
Türfriesen .... 140 × 50   „

<table>
<tr><td colspan="9" align="center">mit zweiflügeliger Oberlichte</td></tr>
<tr><td colspan="4" align="center">1,05 × 240</td><td colspan="5" align="center">1,05 × 3,00</td></tr>
<tr><td colspan="2">fach</td><td colspan="2" align="center">doppelt</td><td colspan="3" align="center">einfach</td><td colspan="2" align="center">doppelt</td></tr>
<tr><td>Pfosten-stock</td><td>Pfosten- und Rahmen-stock</td><td>Pfosten-stock</td><td>Pfosten- und Rahmen-stock</td><td>Rahmen-stock</td><td>Pfosten-stock</td><td>Pfosten- und Rahmen-stock</td><td>Pfosten-stock</td><td>Pfosten- und Rahmen-stock</td></tr>
<tr><td colspan="2">4   6</td><td colspan="2" align="center">2   4   7</td><td colspan="3" align="center">2   4   8</td><td colspan="2" align="center">2   4   9</td></tr>
<tr><td>0,0851</td><td>0,0883</td><td>0,0851</td><td>0,0883</td><td>—</td><td>0,0978</td><td>0,1010</td><td>0,0978</td><td>0,1010</td></tr>
<tr><td>0,1260</td><td>0,1466</td><td>0,2520</td><td>0,2885</td><td>0,1650</td><td>0,1419</td><td>0,1650</td><td>0,2838</td><td>0,3200</td></tr>
<tr><td>19,41</td><td>21,72</td><td>32,01</td><td>35,91</td><td>16,50</td><td>22,01</td><td>24,58</td><td>36,20</td><td>40,08</td></tr>
<tr><td></td><td></td><td></td><td></td><td></td><td></td><td></td><td></td><td></td></tr>
<tr><td>6,95</td><td>8,60</td><td>12,90</td><td>14,50</td><td>7,10</td><td>7,25</td><td>9,00</td><td>13,40</td><td>15,10</td></tr>
<tr><td>4,59</td><td>5,68</td><td>8,52</td><td>9,57</td><td>4,69</td><td>4,79</td><td>5,94</td><td>8,84</td><td>9,96</td></tr>
<tr><td>1,22</td><td>1,22</td><td>2,44</td><td>2,44</td><td>1,22</td><td>1,22</td><td>1,22</td><td>2,44</td><td>2,44</td></tr>
<tr><td>12,76</td><td>15,50</td><td>23,86</td><td>26,51</td><td>13,01</td><td>13,26</td><td>16,16</td><td>24,68</td><td>27,50</td></tr>
<tr><td></td><td></td><td></td><td></td><td></td><td></td><td></td><td></td><td></td></tr>
<tr><td colspan="9" align="center">Hundert v. H.</td></tr>
<tr><td>44,93</td><td>52,72</td><td>79,73</td><td>88,93</td><td>42,52</td><td>48,53</td><td>56,90</td><td>85,56</td><td>95,08</td></tr>
<tr><td></td><td></td><td></td><td></td><td></td><td></td><td></td><td></td><td></td></tr>
<tr><td>6,74</td><td>7,91</td><td>11,96</td><td>13,34</td><td>6,38</td><td>7,28</td><td>8,54</td><td>12,83</td><td>14,26</td></tr>
<tr><td></td><td></td><td></td><td></td><td></td><td></td><td></td><td></td><td></td></tr>
<tr><td>51,67</td><td>60,63</td><td>91,67</td><td>102,27</td><td>48,90</td><td>55,81</td><td>65,44</td><td>98,39</td><td>109,34</td></tr>
<tr><td></td><td></td><td></td><td></td><td></td><td></td><td></td><td></td><td></td></tr>
</table>

b) Zweiflügelige

Nr. 252—255.

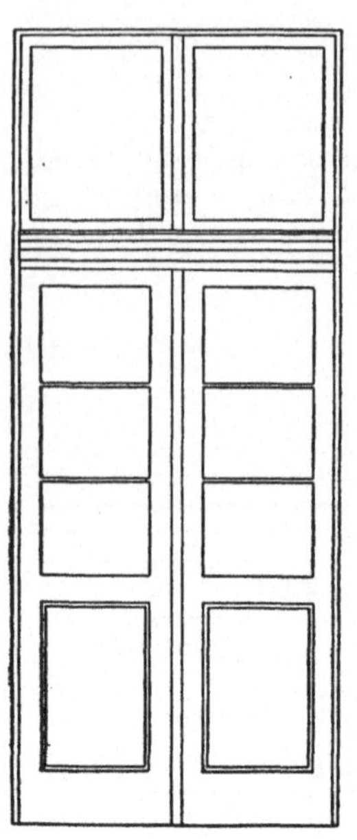

Abb. 42

Jeder Türflügel mit einer Brüstungsfüllung aus 27 mm

Holzstärkenrohmaße:

Rahmenstock ...... 50 × 80 mm
Falzleisten .... 27 × 80 „
Oberlichtflügel ..... 56 × 50 „
Füllung .... 27 mm

		mit zwei-			
			1,25 × 2,40		
		einfach			doppelt
		Rahmen-stock	Pfosten-stock	Pfosten- und Rahmen-stock	Pfosten-stock	Pfosten-stock und Falzleiste
		2	5	2		2	5
Holz-erfordernis in m³	Pfostenstock	.	0,0894	0,0926	0,0894	0,0894
	Sonstiges...	0,1884	0,1665	0,1884	0,3330	0,3351
Holzkosten		18,84	23,80	26,25	40,45	40,66
Lohn	Bank	10,05	10,20	11,90	17,75	17,90
	Maschinen..	6,62	6,73	7,86	11,72	11,82
	Bau	1,68	1,68	1,68	3,35	3,35
	Gesamt	18,35	18,61	21,44	32,82	33,07
Unkostenzuschlag		Hundert v. H.				
Selbstkosten		55,54	61,02	69,13	106,09	106,80
15% Gewinnzuschlag...		8,33	9,15	10,37	15,91	16,02
Verkaufspreis		63,87	70,17	79,50	122,00	122,82

Balkontüren

> **Grundlagen:** 1 m³ Pfostenstockholz 80 W. E.
> 1 m³ sonstiges Holz 100 „ „
> 1 Gehilfenstunde 1 „ „

dickem Holz und je 3 Quersprossen, ohne Fußtritt und ohne Deckleisten.

Pfostenstock .. 50 × 185 mm
Kämpfer ...... 65 × 50 „
Türfriesen .... 140 × 50 „

flügeliger Oberlichte

	1,25 × 3,00					
	einfach			doppelt		
Pfosten- und Rahmenstock	Rahmenstock	Pfostenstock	Pfosten- und Rahmenstock	Pfostenstock	Pfostenstock und Falzleiste	Pfosten- und Rahmenstock
3	2	5	4	2	5	5
0,0926	.	0,1020	0,1052	0,1020	0,1020	0,1052
0,3724	0,2139	0,1895	0,2139	0,3790	0,3807	0,4187
44,65	21,39	27,11	29,81	46,06	46,23	50,29
19,30	10,50	10,65	12,40	18,50	18,65	20,15
12,74	6,93	7,03	8,18	12,22	12,32	13,31
3,35	1,68	1,68	1,68	3,35	3,35	3,35
35,39	19,11	19,36	22,26	34,07	34,32	36,81

Hundert v. H.

115,43	59,61	65,83	74,33	114,20	114,87	123,91
17,31	8,94	9,87	11,15	17,13	17,23	18,59
132,74	68,55	75,70	85,48	131,33	132,10	142,50

X. Türen

1. Türstöcke

Nr. 121 bis 125. Rauhe Türstöcke.

Stocklichte in cm	Rauher Holzquerschnitt in mm	Erfordernis samt 15% Verschnitt in			Kosten des		
		m'	m³		Holzes	Lohnes	
60 × 194	50 × 80	7,15	0,0286	2,86			
	60 × 90		0,0386	3,86		0,68	
	50 × 100		0,0357	3,57			
	50 × 130		0,0465	4,65		0,77	
	50 × 160		0,0572	5,72			
75 × 200	50 × 80	7,65	0,0306	3,06			
	60 × 90		0,0413	4,13		0,68	
	50 × 100		0,0383	3,83			
	50 × 130		0,0497	4,97		0,77	
	50 × 160		0,0612	6,12			
90 × 210	50 × 80	8,20	0,0328	3,28			
	60 × 90		0,0443	4,43		0,68	
	50 × 100		0,0410	4,10			
	50 × 130		0,0533	5,33		0,77	
	50 × 160		0,0656	6,56			
120 × 220	50 × 80	9,15	0,0366	3,66			
	60 × 90		0,0494	4,94		0,80	
	50 × 100		0,0458	4,58			
	50 × 130		0,0594	5,94		0,87	
	50 × 160		0,0732	7,32			
125 × 250	50 × 80	9,95	0,0398	3,98			
	60 × 90		0,0537	5,37		0,80	
	50 × 100		0,0498	4,98			
	50 × 130		0,0646	6,46		0,87	
	50 × 160		0,0796	7,96			

Bei Türstöcken für Futter sind die Holzkosten bei
Futterlichten 60 × 194 cm, 65 × 200 cm, 90 × 210 cm, 120 × 220 cm, 125 × 250 cm
höher um   4¹/₂%   4%   4%   3¹/₂%   3%
als bei Stocklichte.

Grundlagen: 1 m³ Stockholz   80 W. E.
1 Gehilfenstunde   1 „ „

Unkosten- zuschlag	Gestehungs- kosten	15% Gewinn- zuschlag	Verkaufspreis
	4,22	0,63	4,85
	5,22	0,78	6,00
	4,93	0,74	5,67
	6,19	0,93	7,12
	7,26	1,09	8,35
	4,42	0,66	5,08
	5,49	0,82	6,31
	5,19	0,78	5,97
	6,51	0,98	7,49
	7,66	1,15	8,81
	4,64	0,70	5,34
	5,79	0,87	6,66
Hundert v. H.	5,46	0,82	6,28
	6,87	1,03	7,90
	8,10	1,22	9,32
	5,26	0,79	6,05
	6,54	0,98	7,52
	6,18	0,93	7,11
	7,68	1,15	8,83
	9,06	1,36	10,42
	5,58	0,84	6,42
	6,97	1,05	8,02
	6,58	0,98	7,56
	8,20	1,23	9,43
	9,70	1,46	11,16

Nr. 126 bis 131. Gehobelte Türstöcke.

| Stocklichte in cm | rauher Holzquerschnitt in mm | Erfordernis samt 15 % Verschnitt in | | Ko | | des | |
		m	m³	des Holzes		a. d. Bank	
60 × 194	50 × 80		0,0286	2,86			
	60 × 90		0,0386	3,86		0,68	
	50 × 100	7,15	0,0357	3,57			
	50 × 160		0,0572	5,72		0,84	
	50 × 185		0,0661	6,61			
	50 × 290		0,1036	10,36		1,60	
75 × 200	50 × 80		0,0306	3,06			
	60 × 90		0,0413	4,13		0,68	
	50 × 100	7,65	0,0383	3,83			
	50 × 160		0,0612	6,12		0,84	
	50 × 185		0,0707	7,07			
	50 × 290		0,1109	11,09		1,60	
90 × 210	50 × 80		0,0328	3,28			
	60 × 90		0,0443	4,43		0,68	
	50 × 100	8,20	0,0410	4,10			
	50 × 160		0,0656	6,56		0,84	
	50 × 185		0,0758	7,58			
	50 × 290		0,1189	11,89		1,60	
120 × 220	50 × 80		0,0366	3,66			
	60 × 90		0,0494	4,94		0,77	
	50 × 100	9,15	0,0458	4,58			
	50 × 160		0,0732	7,32		1,00	
	50 × 185		0,0846	8,46			
	50 × 290		0,1327	13,27		1,83	
125 × 250	50 × 80		0,0398	3,98			
	60 × 90		0,0537	5,37		0,77	
	50 × 100	9,95	0,0498	4,98			
	50 × 160		0,0796	7,96		1,00	
	50 × 185		0,0920	9,20			
	50 × 290		0,1424	14,24		1,83	

Grundlagen: 1 m³ Stockholz 80 W. E.
1 Gehilfenstunde 1 „ „

sten Lohnes — d. Maschine	gesamt	Unkosten-zuschlag	Ge-stehungs-kosten	Gewinn-zuschlag	Verkaufs-preis
0,48	1,13	1,13	5,12 6,12 5,83	0,77 0,92 0,87	5,89 7,04 6,70
0,56	1,40	1,40	8,52 9,41	1,28 1,41	9,80 10,82
1,07	2,67	2,67	15,70	2,35	18,05
0,45	1,13	1,13	5,32 6,39 6,09	0,80 0,96 0,91	6,12 7,35 7,00
0,56	1,40	1,40	8,92 9,87	1,34 1,48	10,26 11,35
1,07	2,67	2,67	16,43	2,46	18,89
0,45	1,13	1,13	5,54 6,69 6,36	0,83 1,00 0,95	6,37 7,69 7,31
0,56	1,40	1,40	9,36 10,38	1,40 1,56	10,76 11,94
1,07	2,67	2,67	17,23	2,58	19,81
0,52	1,29	1,29	6,24 7,52 7,16	0,94 1,13 1,07	7,18 8,65 8,23
0,67	1,67	1,67	10,66 11,80	1,60 1,77	12,26 13,57
1,22	3,05	3,05	19,37	2,91	22,28
0,52	1,29	1,29	6,56 7,95 7,56	0,99 1,19 1,14	7,55 9,14 8,70
0,67	1,67	1,67	11,30 12,54	1,69 1,88	12,99 14,42
1,22	3,05	3,05	20,34	3,05	23,39

2. Verkleidungen

Nr. 134. 1 Loch, Zier- oder Falzverkleidung,

Stocklichte 90 cm breit, 210 cm hoch.

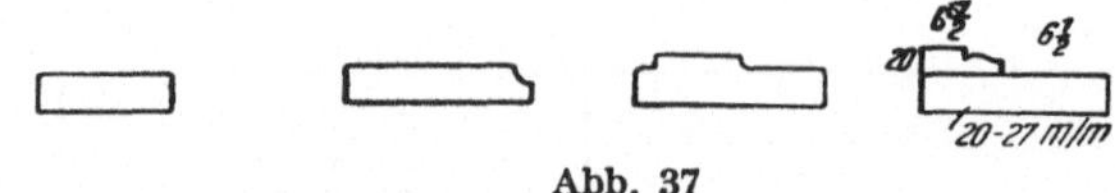

Abb. 37

Querschnitt	Glatt						Gekehlt — ohne		Gekehlt — mit		
	Br.	90	90	130	130	130	130	130	130	130	130
	St.20	27	30	20	27	30	27	35	20	27	35
Erfordernis s. 20% Verschn. in — m′	6,60			6,80			6,80				6,80
Erfordernis s. 20% Verschn. in — m³	0,012	0,016	0,021	0,018	0,024	0,031	0,024	0,031	0,026	0,033	0,039
Kosten des Lohnes — Holzes bei 100 S/m³	1,19	1,60	2,08	1,77	2,39	3,09	2,39	3,09	2,65	3,27	3,98
Kosten des Lohnes — Bank	0,35			0,45			0,52		0,81		0,81
Kosten des Lohnes — Maschine	0,30						0,35		0,54		0,54
Kosten des Lohnes — Bau	0,55			0,64			0,73		0,73		0,73
Kosten des Lohnes — Gesamt	1,20			1,39			1,60		2,08		2,08
Unkostenzuschlag	H u n d e r t v. H.										
Gestehungskosten	3,59	4,00	4,48	4,55	5,17	5,87	5,59	6,29	6,81	7,43	8,14
15% Gewinnzuschlag	0,54	0,60	0,67	0,68	0,78	0,88	0,84	0,94	1,02	1,11	1,22
Verkaufspreis	4,13	4,60	5,15	5,23	5,95	6,75	6,43	7,23	7,83	8,54	9,36

Nr. 135. 1 Loch, Zier- oder Falzverkleidung für Stocklichte

125 cm breit, 250 cm hoch.

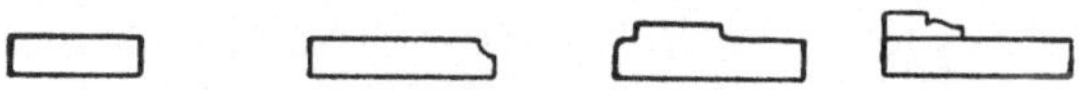

Abb. 38

	Glatt						Gekehlt				
							ohne		mit		
							aufgeleimter Leiste				
Querschnitt	Br.	90		130			130		130 + 65		
	St. 20	27	35	20	27	35	27	35	20	27	35
Erforder. s. 20% Verschn. in — m	8,00			8,20			8,20				
m³	0,017	0,019	0,025	0,021	0,028	0,037	0,029	0,037	0,032	0,039	0,048
Kosten des — Holzes bei 100 S/m³	1,44	1,94	2,52	2,13	2,88	3,73	2,88	3,73	3,20	3,94	4,80
Lohnes — Bank	0,40			0,51			0,60		0,91		0,91
Maschine	0,33						0,40		0,61		0,61
Bau	0,76			0,89			1,02		1,02		1,02
Gesamt	1,49			1,73			2,02		2,54		2,54
Unkostenzuschlag	Hundert v. H.										
Gestehungskosten	4,42	4,92	5,50	5,59	6,34	7,19	6,92	7,77	8,28	9,02	9,88
15% Gewinnzuschlag	0,66	0,74	0,83	0,84	0,95	1,08	1,04	1,17	1,24	1,35	1,48
Verkaufspreis	5,08	5,66	6,33	6,43	7,29	8,27	7,96	8,94	9,52	10,37	11,36

Die in nebenstehender Abbildung angegebenen Friesbreiten verstehen sich in rauhem Zustand. Als Grundlage für sämtliche im Nachfolgenden errechneten Türen gelten:

$$1 \text{ m}^3 \text{ Weichholz} \dots\dots\dots\dots\dots\dots\dots \quad 100,— \text{ W. E.}$$
$$1 \text{ m}^2 \text{ Erlensperrholz } 5 \text{ mm dick} \dots\dots\dots \quad 3{,}50 \text{ W. E.}$$
$$1 \text{ m}^2 \qquad\text{„} \qquad 6 \text{ „} \qquad \text{„} \dots\dots\dots \quad 4{,}15 \text{ W. E.}$$
$$1 \text{ m}^2 \qquad\text{„} \qquad 8 \text{ „} \qquad \text{„} \dots\dots\dots \quad 5{,}40 \text{ W. E.}$$
$$1 \text{ Gehilfenstunde} \dots\dots\dots\dots\dots\dots\dots \quad 1{,}— \text{ W. E.}$$

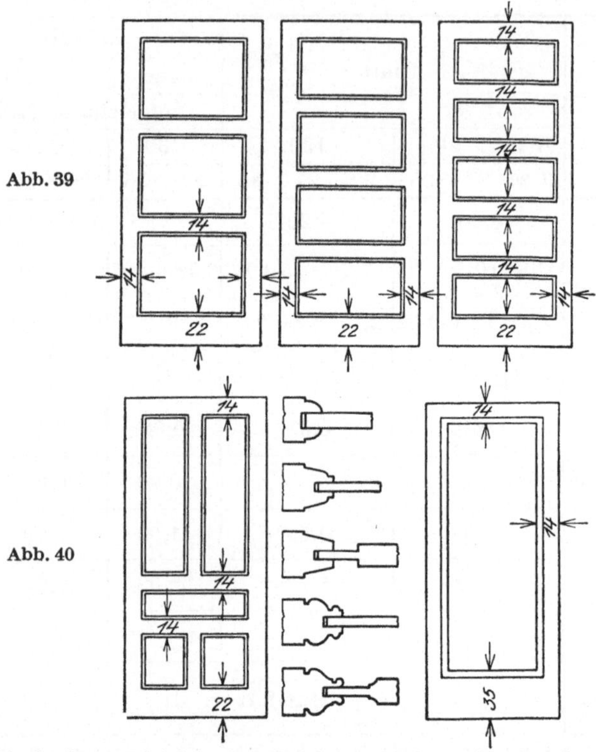

Die in den nachfolgenden Tafeln angeführten Buchstabenbezeichnungen bedeuten verschiedene Türarten. Es ist zu verstehen unter:

a) Eine Mehrfüllungstüre mit Überschubkehlstoß und 20 mm glatter Füllung.

b) Eine Mehrfüllungstüre mit Überschubkehlstoß und 27 mm glatter Füllung oder 5 mm Sperrholzfüllung.

c) Eine Mehrfüllungstüre mit Gehrungskehlstoß und 27 mm abgeplatteter Füllung oder 5 mm Sperrholzfüllung.

d) Eine Einfüllungstüre mit Überschubkehlstoß und 6 mm Sperrholzfüllung.

e) Eine Einfüllungstüre mit Überschubkehlstoß und 8 mm Sperrholzfüllung.

f) Eine Einfüllungstüre mit Gehrungskehlstoß und 8 mm Sperrholzfüllung.

3. Türflügel

Nr. 138, 139 (Abb. 39).

a) Ist eine Türe mit Überschubkehlstoß und 20 mm glatter Füllung,
b) „ „ „ „ „ „ 27 „ abgeplatteter Füllung
c) „ „ „ „ Gehrungskehlstoß „ 27 „ „ „

Grundlagen: 1 m³ Holz 100 W. E.
1 Gehilfenstunde 1 „ „

Stocklichte	60 × 194 cm					
Rohfrießstärke	40 mm					
Füllungsanzahl	3			4		
Kehlstoß und Füllungsart......	a	b	c	a	b	c
Erfordernis in m² — Füllung	0,60			0,56		
Erfordernis in m² — Frieß	0,98			1,07		
Erfordernis in m³ — samt 20% Verschnitt	0,0616	0,0666		0,0648	0,0695	
Kosten des Holzes bei 100 W. E./m³	6,16	6,66		6,48	6,95	
Kosten des Lohnes — Bank..............	2,90	3,07	3,50	3,12	3,39	3,85
Kosten des Lohnes — Maschine	1,93	2,05	2,33	2,08	2,26	2,57
Kosten des Lohnes — Bau	0,36			0,36		
Kosten des Lohnes — Gesamt...........	5,19	5,48	6,19	5,56	6,01	6,78
Unkostenzuschlag	H u n d e r t v. H.					
Gestehungskosten	16,54	17,62	19,04	17,60	18,97	20,51
15% Gewinnzuschlag	2,48	2,64	2,86	2,64	2,85	3,08
Verkaufspreis	19,02	20,26	21,90	20,24	21,82	23,59

Aufzahlung für 6 mm Sperrholzfüllung für a) 1,20 W. E.
„ „ 6 „ „ „ b) und c) 0,80 „ „
„ „ 8 „ „ „ a) 1,80 „ „
„ „ 8 „ „ „ b) und c) 1,40 „ „

Nr. 142, 143/I. Türflügel

Erläuterung der Bezeichnung a bis d siehe S. 62. a bis c siehe Abb. 39, d bis f siehe Abb. 40.

Grundlagen: 1 m³ Holz   100 W. E.
1 m² 6 mm Sperrholz   4,15 „ „
1 „ 8 „   „   5,40 „ „
1 Gehilfenstunde   1 „ „

			a	b	c	a	b	c	d	e	f
Stocklichte			60 × 194 cm								
Rohfrießstärke			46 mm								
Füllungsanzahl			3			4			1		
Kehlstoß und Füllungsart			a	b	c	a	b	c	d	e	f
Holzerfordernis	m²	Füllung	0,60			0,56			0,61		
		Frieß	0,98			1,07			0,87		
	m³	samt 20% Verschnitt	0,0685		0,0736	0,0725		0,0772	0,73 m² Füllung / 0,0478 m³ Frieß		
Kosten des		Holzes	6,85		7,36	7,25		7,72	7,85	8,72	
	Lohnes	Bank	3,02	3,21	3,65	3,24	3,52	4,00	2,47		2,80
		Maschine	2,01	2,14	2,43	2,16	2,35	2,67	1,64		1,86
		Bau	0,36			0,36			0,36		
		Gesamt	5,39	5,71	6,44	5,76	6,23	7,03	4,47		5,02
Unkostenzuschlag			Hundert v. H.								
Gestehungskosten			17,63	18,78	20,24	18,77	20,18	21,78	16,79	17,66	18,76
15% Gewinnzuschlag			2,64	2,82	3,04	2,82	3,03	3,27	2,52	2,65	2,81
Verkaufspreis			20,27	21,60	23,28	21,59	23,21	25,05	19,31	20,31	21,57

Aufzahlung für 6 mm Sperrholzfüllung für a)   1,20 W. E.
„   „ 6 „   „   „ b) und c) 0,80 „ „
„   „ 8 „   „   „ a)   1,80 „ „
„   „ 8 „   „   „ b) und c) 1,40 „ „

Nr. 142, 143/II. Türflügel

Erläuterung der Bezeichnung a bis d siehe S. 62. a bis c siehe Abb. 39, d bis f siehe Abb. 40.

Grundlagen:

1 m³ Holz	100 W. E.
1 m² 6 mm Sperrholz	4,15 „ „
1 „ 8 „ „	5,40 „ „
1 Gehilfenstunde	1 „ „

	a	b	c	a	b	c	d	e	f
Stocklichte	75 × 200 cm								
Rohfrießstärke	46 mm								
Füllungsanzahl	3			4			1		
Kehlstoß- und Füllungsart	a	b	c	a	b	c	d	e	f
Holzerfordernis · m² · Füllung	0,86			0,81			0,87		
Holzerfordernis · m² · Frieß	1,09			1,20			0,96		
Holzerfordernis · m³ · samt 20% Verschnitt	0,0808		0,0880	0,0857		0,0925	1,05 m² Füllung / 0,0529 m³ Frieß		
Kosten des Holzes bei 100 S/m³	8,08		8,80	8,57		9,25	9,70	10,96	
Kosten des Lohnes · Bank	3,15	3,35	3,81	3,38	3,67	4,17	2,62		2,95
Kosten des Lohnes · Maschine	2,10	2,23	2,54	2,25	2,45	2,78	1,75		1,96
Kosten des Lohnes · Bau	0,36			0,36			0,36		
Kosten des Lohnes · Gesamt	5,61	5,94	6,71	5,99	6,48	7,31	4,73		5,27
Unkostenzuschlag	Hundert v. H.								
Gestehungskosten	19,30	20,66	22,22	20,55	22,21	23,87	19,16	20,42	21,50
15% Gewinnzuschlag	2,90	3,10	3,33	3,08	3,33	3,58	2,87	3,06	3,23
Verkaufspreis	22,20	23,76	25,55	23,63	25,54	27,45	22,03	23,48	24,73

Aufzahlung für 6 mm Sperrholzfüllung für a) 1,70 W. E.
„ „ 6 „ „ „ b) und c) 1,10 „ „
„ „ 8 „ „ „ a) 2,50 „ „
„ „ 8 „ „ „ b) und c) 2,00 „ „

Nr. 142—144/III. Türflügel

Erläuterung der Bezeichnung a bis d siehe S. 62. a bis c siehe Abb. 39, d bis f siehe Abb. 40.

Grundlagen: 1 m³ Holz 100 W. E.
1 m² 6 mm Sperrholz 4,15 „ „
1 „ 8 „ „ 5,40 „ „
1 Gehilfenstunde 1 „ „

	3			4			5			1 Füllung		
Stocklichte	90 × 210 cm											
Rohfriesstärke	46 mm											
Füllungsanzahl	3			4			5			1 Füllung		
Kehlstoß und Füllungsart	a	b	c	a	b	c	a	b	c	d	e	f
Erfordernis in m² — Füllung		1,15			1,08			1,01			1,20	
Erfordernis in m² — Fries		1,22			1,35			1,49			1,06	
Erfordernis in m³ — samt 20% Verschnitt	0,095	0,105		0,101	0,109		0,106	0,115		1,44 m² Füllung / 0,0584 m³ Fries		
Kosten des Holzes	9,49	10,46		10,04	10,95		10,65	11,49		11,89	13,62	

<table>
<tr><td rowspan="4">Kosten des Lohnes</td><td>Bank</td><td>3,87</td><td>4,12</td><td>4,68</td><td>4,10</td><td>4,44</td><td>5,04</td><td>4,30</td><td>4,75</td><td>5,40</td><td colspan="2">3,34</td><td>3,80</td></tr>
<tr><td>Maschine</td><td>2,58</td><td>2,75</td><td>3,12</td><td>2,73</td><td>2,96</td><td>3,36</td><td>2,87</td><td>3,17</td><td>3,60</td><td colspan="2">2,23</td><td>2,54</td></tr>
<tr><td>Bau</td><td colspan="3">0,36</td><td colspan="3">0,36</td><td colspan="3">0,36</td><td colspan="2">0,36</td><td></td></tr>
<tr><td>Gesamt</td><td>6,81</td><td>7,23</td><td>8,16</td><td>7,19</td><td>7,76</td><td>8,76</td><td>7,53</td><td>8,28</td><td>9,36</td><td colspan="2">5,93</td><td>6,70</td></tr>
<tr><td>Unkostenzuschlag</td><td colspan="12">Hundert v. H.</td></tr>
<tr><td>Gestehungskosten</td><td>23,11</td><td>24,92</td><td>26,78</td><td>24,42</td><td>26,47</td><td>28,47</td><td>25,71</td><td>28,05</td><td>30,21</td><td>23,75</td><td>25,48</td><td>27,02</td></tr>
<tr><td>15% Gewinnzuschlag</td><td>3,47</td><td>3,74</td><td>4,02</td><td>3,66</td><td>3,97</td><td>4,27</td><td>3,86</td><td>4,21</td><td>4,53</td><td>3,56</td><td>3,82</td><td>4,05</td></tr>
<tr><td>Verkaufspreis</td><td>26,58</td><td>28,66</td><td>30,80</td><td>28,08</td><td>30,44</td><td>32,74</td><td>29,57</td><td>32,26</td><td>34,74</td><td>27,31</td><td>29,30</td><td>31,07</td></tr>
</table>

Aufzahlung für 6 mm Sperrholzfüllung für a) 2,60
„ „ 6 „ „ „ b) und c) 1,70
„ „ 8 „ „ „ a) 3,90
„ „ 8 „ „ „ b) und c) 2,90

Nr. 146, 147/II. Türflügel (Abb. 39).

a) Ist eine Türe mit Überschubkehlstoß und 20 mm glatter Füllung
b) „ „ „ „ „ „ 27 „ abgeplatteter Füllung
c) „ „ „ „ Gehrungskehlstoß „ 27 „ „ „

Grundlagen: 1 m³ Holz   100 W. E.
              1 Gehilfenstunde   1 „ „

				Stocklichte	75 × 200 cm					
				Rohfriesstärke	50 mm					
				Füllungsanzahl	3			4		
				Kehlstoß und Füllungsart......	a	b	c	a	b	c
Holzerfordernis in	m²		Füllung		0,86			0,81		
			Fries		1,09			1,20		
	m³		samt 20% Verschnitt	0,0860	0,0933		0,0914	0,0983		
Kosten des			Holzes bei 100 W. E./m³	8,60	9,33		9,14	9,83		
	Lohnes		Bank..............	3,15	3,35	3,81	3,38	3,67	4,17
			Maschine	2,10	2,23	2,54	2,25	2,45	2,78
			Bau..............	0,36					
			Gesamt...........	5,61	5,94	6,71	5,99	6,48	7,31
			Unkostenzuschlag	H u n d e r t v. H.					
			Gestehungskosten	19,82	21,21	22,75	21,12	22,79	24,45
			15% Gewinnzuschlag	2,97	3,18	3,41	3,17	3,42	3,67
			Verkaufspreis	22,79	24,39	26,16	24,29	26,21	28,12

Aufzahlung für 6 mm Sperrholzfüllung für a)   1,70 W. E.
     „   „ 6 „   „   „ b) und c) 1,10 „ „
     „   „ 8 „   „   „ a)   2,50 „ „
     „   „ 8 „   „   „ b) und c) 2,00 „ „

Nr. 146—148/III. Türflügel

a) Ist eine Türe mit Überschubkehlstoß und 20 mm glatter Füllung
b) „ „ „ „ „ „ 27 „ abgeplatteter Füllung
c) „ „ „ „ Gehrungskehlstoß „ 27 „ „ „

Siehe Erklärung auf Seite 62 und Abb. 39.

Grundlagen: 1 m³ Holz 100 W. E.
1 Gehilfenstunde 1 „ „

Stocklichte	90 × 210 cm								
Rohfriesstärke	50 mm								
Füllungsanzahl.	3			4			5		
Kehlstoß- und Füllungsart.	a	b	c	a	b	c	a	b	c
Erford. in m² — Füllung	1,15			1,08			1,01		
Erford. in m² — Fries	1,22			1,35			1,49		
Erford. in m³ — samt 20% Verschnitt .	0,1008		0,1105	0,1069		0,1160	0,114	0,1222	
Kosten des Holzes bei 100 W. E./ m³.	10,08		11,05	10,69		11,60	11,36	12,22	
Kosten des Lohnes — Bank	3,87	4,12	4,68	4,10	4,44	5,04	4,30	4,75	5,40
Kosten des Lohnes — Maschine	2,58	2,75	3,12	2,73	2,96	3,36	2,87	3,17	3,60
Kosten des Lohnes — Bau	0,36			0,36			0,36		
Kosten des Lohnes — Gesamt	6,81	7,23	8,16	7,19	7,76	8,76	7,53	8,28	9,36
Unkostenzuschlag . . .	H u n d e r t v. H.								
Gestehungskosten . . .	23,70	25,51	27,37	25,07	27,12	29,12	26,42	28,78	30,94
15% Gewinnzuschlag	3,56	3,83	4,10	3,76	4,07	4,37	3,96	4,32	4,64
Verkaufspreis	27,26	29,34	31,47	28,83	31,19	33,49	30,38	33,10	35,58

Aufzahlung für 6 mm Sperrholzfüllung für a) 2,60 W. E.
„ „ 6 „ „ „ b) und c) 1,70 „ „
„ „ 8 „ „ „ a) 3,90 „ „
„ „ 8 „ „ „ b) und c) 2,90 „ „

Nr. 142/IV und 146/V. Zweiflügelige Türflügel

a) Ist eine Türe mit Überschubkehlstoß und 20 mm glatter Füllung
b) „ „ „ „ „ „ 27 „ abgeplatteter Füllung
c) „ „ „ „ Gehrungskehlstoß „ 27 „ „ „

     Siehe Erklärung auf Seite 62.

Grundlagen: 1 m³ Holz   100 W. E.
     1 Gehilfenstunde   1 „ „

Stocklichte	120 × 220						125 × 250		
Rohfriesstärke	46 mm			50 mm			50 mm		
Füllungsanzahl	6			6			6		
Kehlstoß und Füllungsart	a	b	c	a	b	c	a	b	c
Erford. in m² — Füllung	1,279			1,279			1,64		
Erford. in m² — Fries	2,151			2,151			2,35		
Erford. in m³ — samt 20% Verschnitt	0,1556	0,167	0,167	0,1656	0,1765		0,187	0,2003	
Kosten des Holzes bei 100 S/m³	15,56	16,66		16,56	17,65		18,65	20,03	
Kosten des Lohnes — Bank	5,79	6,16	7,00	5,79	6,16	7,00	6,95	7,39	8,40
Kosten des Lohnes — Maschine	3,82	4,07	4,62	3,82	4,07	4,62	4,59	4,88	5,54
Kosten des Lohnes — Bau	0,55			0,55			0,55		
Kosten des Lohnes — Gesamt	10,16	10,78	12,17	10,16	10,78	12,17	12,09	12,82	14,49
Unkostenzuschlag	H u n d e r t v. H.								
Gestehungskosten	35,88	38,22	41,00	36,88	39,21	41,99	42,83	45,67	49,01
15% Gewinnzuschlag	5,38	5,73	6,15	5,53	5,88	6,30	6,42	6,85	7,35
Verkaufspreis	41,26	43,95	47,15	42,41	45,09	48,29	49,25	52,52	56,36

                   120 × 220 cm   125 × 250 cm
Aufzahlung für 6 mm Sperrholzfüllung für a)   2,60 W. E. 3,30 W. E.
„ „ 6 „ „ „ b) und c) 1,70 „ „ 2,10 „ „
„ „ 8 „ „ „ a)   3,90 „ „ 4,90 „ „
„ „ 8 „ „ „ b) und c) 2,90 „ „ 3,80 „ „

XI. Türfutter

Nr. 228. Türfutter, glatt und gestemmt, Sockel 24 cm hoch, mit 27 mm starken, 12 cm breiten Fliesen und 20 mm starken Füllungen

Grundlagen: 1 m³ Holz   100 W. E.
1 Gehilfenstunde   1 „   „

	glatt	ausgegründ. ohne Mittelstück	gestemmt und gekehlt — mit 2 Quermittelstücken	gestemmt und gekehlt — mit 2 Quermittelstücken	gestemmt und gekehlt — m. 1 aufrechten u. 2 Quermittelstücken	gestemmt und gekehlt — m. 1 aufrechten u. 2 Quermittelstücken
Futterlichte in cm	75 cm breit, 200 cm hoch					
Tiefe in cm	bis 18 cm		27—33	40—48	53—65	80 cm
Erfordernis in m² — Füllung						
Erfordernis in m² — Fries						
Erfordernis in m³ — samt 20% Verschnitt	0,0286		0,0686	0,0886	0,1193	0,1404
Kosten des Holzes bei 100 W. E./m³	2,86		6,86	8,86	11,93	14,04
Kosten des Lohnes — Bank	0,35	1,75	3,82	4,19	6,09	6,40
Kosten des Lohnes — Maschine	0,23	1,15	2,52	2,77	4,02	4,23
Kosten des Lohnes — Bau	1,45	1,77	1,77			
Kosten des Lohnes — Gesamt	2,03	4,67	8,11	8,73	11,88	12,40
Unkostenzuschlag	H u n d e r t v. H.					
Gestehungskosten	6,92	12,20	23,08	26,32	35,69	38,84
15% Gewinnzuschlag	1,04	1,83	3,46	3,95	5,35	5,83
Verkaufspreis	7,96	14,03	26,54	30,27	41,04	44,67

Nr. 230. Türfutter, glatt und gestemmt, Sockel 24 cm hoch, mit 27 mm starken, 12 cm breiten Friesen und 20 mm starken Füllungen

Grundlagen: 1 m³   100 W. E.
     1 Gehilfenstunde   1 „ „

	glatt	ausgegründ. ohne Mittelstück	mit 2 Quermittelstücken	m. 1 aufrechten u. 2 Quermittelstücken		
Futterlichte	125 cm breit, 250 cm hoch					
Art	glatt	ausgegründ. ohne Mittelstück	gestemmt und gekehlt			
Tiefe in cm	bis 18 cm	27—33	40—48	53—65	80 cm	
Erfordernis in m²: Füllung						
Fries						
Erfordernis in m³ samt 20% Verschnitt	0,0373	0,0860	0,1114	0,1486	0,1756	
Kosten des Holzes bei 100 S/m³	3,73	8,60	11,14	14,86	17,56	
Kosten des Lohnes: Bank	0,42	1,83	4,12	4,57	6,40	6,86
Maschine...........	0,28	1,21	2,72	3,02	4,23	4,53
Bau	2,18	2,66	2,66	2,66	2,66	2,66
Gesamt	2,88	5,70	9,50	10,25	13,29	14,05
Unkostenzuschlag	H u n d e r t v. H.					
Gestehungskosten	9,49	15,13	27,60	31,64	41,44	45,66
15% Gewinnzuschlag	1,42	2,27	4,14	4,75	6,22	6,85
Verkaufspreis	10,91	17,40	31,74	36,39	47,66	52,51

XII. Speiskasten (Fensterbrüstungskasten)

85 cm hoch, 120 cm lang, zweitürig, mit 2 Häuptern und einem Fach aus 26 mm Holz, mit 20 mm starken Füllungen

a) mit weicher Platte $\big\}$ ohne Beschläge
b) mit Ahornplatte

	Nr. 117	Nr. 117	Nr. 118	Nr. 118	Nr. 119	Nr. 119	
	ohne		ohne		mit		
	Rückwand				Rückwand		
	30 cm tief		45 cm tief		30 cm tief		
	a	b	a	b	a	b	
Kosten des Holzes ..	7,17	8,38	8,80	10,55	9,87	11,08	W. E.
25 v. H. Verschnitt .	1,80	2,10	2,21	2,64	2,48	2,78	„ „
	8,97	10,48	11,01	13,19	12,35	13,86	W. E.
Kosten d. Banklohn.	3,30	6,20	3,81	6,74	4,46	7,36	„ „
„ „ Maschine .	2,20	4,12	2,54	4,47	2,96	4,88	„ „
„ „ Baulohnes	1,90	2,00	1,90	2,00	2,51	2,61	„ „
100 v. H. Unkosten-zuschlag	7,40	12,32	8,25	13,21	9,93	14,85	„ „
Selbstkosten	23,77	35,12	27,51	39,61	32,21	43,56	W. E.
15 v. H. Gewinnzu-schlag	3,57	5,26	4,14	5,94	4,83	6,52	„ „
Verkaufspreis	27,34	40,38	31,65	45,55	37,04	50,08	W. E.

XIII. Abschlußwände

1. Oberlichten

Nr. 262. 1 m² feste Oberlichte aus 50 mm dicken und 80 mm breiten Friesen mit höchstens zwei Sprossen für je 1 m Höhe und Breite mit beiderseitigen 60 mm breiten, 10 mm dicken Deckleisten, ohne Glasleisten.

Grundlagen: 1 m³ Holz   100 W. E.
1 Gehilfenstunde 1 „ „

Abb. 43

Holzerfordernis:

4,0 m 50 × 80 mm	W. E.	1,60
3,6 „ 50 × 30 „	„ „	—,54
8,5 „ 60 × 14 „	„ „	—,77
Kosten des Holzes	W. E.	2,91
25 v. H. Verschnitt	„ „	—,73
		3,64
Kosten des Banklohnes		2,15
„ der Maschine		1,44
„ „ Baulohnes		1,16
100 v. H. Unkostenzuschlag		4,75
Selbstkosten		13,14
15 v. H. Gewinnzuschlag		1,96
Verkaufspreis	W. E.	15,10

2. Glaswände

Nr. 271. 1 m² Glaswand aus 46 mm dickem Holz mit 1 m hoher gestemmter Brüstung mit Überschubkehlstoß, darüber Glaslichtenteilung mit höchstens 2 Sprossen für je 1 m Höhe und Breite, ohne Glasleisten, samt Gesimse und Deckleisten, sowie Sockel, ohne Türen und ohne Oberlichten.

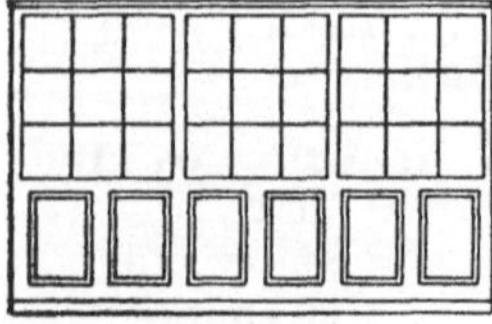

Abb. 44

Grundlagen: 1 m³ Holz   100 W. E.
            1 Gehilfenstunde   1 „   „

Holzerfordernis: Für eine Glaswand, **3 m breit, 2 m hoch.**

10,50 m Friesen und Mittelstücke, 140 × 46 mm	W. E.	6,76
1,70 m Mittelstücke in der Sprossenteilung, 110 × 46 mm	„ „	0,86
6,00 m oberes und unteres Querstück, 230 × 46 mm	„ „	6,90
10,40 m Sprossen, 30 × 46 mm	„ „	1,44
1,68 m² Füllungen, 27 mm	„ „	4,53
12,00 m Gesimse und Sockel, 160 × 20 mm	„ „	3,85
6,00 m Gesimse, 40 × 60 mm	„ „	1,44
8,00 m Deckleisten, 60 × 14 mm	„ „	0,68
	W. E.	26,46
Hiezu 20 v. H. Verschnitt	„ „	5,29
Kosten des Holzes für 6 m²	W. E.	31,75

Daher Kosten des Holzes für 1 m²	W. E.	5,29
Kosten des Banklohnes „ 1 „	„ „	2,54
„ der Maschine „ 1 „	„ „	1,68
„ des Baulohnes „ 1 „	„ „	1,16
100 v. H. Unkostenzuschlag	„ „	5,38
Selbstkosten	„ „	16,05
15 v. H. Gewinnzuschlag	W. E.	2,41
Verkaufspreis	W. E.	18,46

3. Volle Wände

Nr. 274 und 275. 1 m² verstemmte volle Wand aus a) 40 mm, b) 46 mm dickem Holz mit 27 mm starken abgeplatteten oder 5 mm Sperrholzfüllungen mit Überschubkehlung, ohne Türen, samt Gesimse und Deckleisten sowie Sockel.

Grundlagen: 1 m³ Holz   100 W.E.
            1 Gehilfenstunde   1 „   „

Holzerfordernis: Für eine volle Wand, **200 cm breit, 200 cm hoch,** mit 1 Quer- und 3 aufrechten Mittelstücken.

a   b

4,00 m Frießen, 140×40 mm (46 mm)   0,56 m²
4,00 „ oberes und unteres Zapfenstück,
     230×40 mm (46 mm) .... 0,92 „
7,10 „ Mittelstücke, 130×40 mm
     (46 mm) .... 0,93 „

		a	b
2,41 m²	W. E.	9,64	11,09
2,62 m² Füllungen, 27 mm .... „ „		6,00	6,00
8,00 m Sockel und Gesimse, 160×20 mm .... „ „		2,56	2,56
4,00 „ Gesimse, 40×60 mm .... „ „		0,96	0,96
8,00 „ Deckleisten, 60×14 mm .... „ „		0,68	0,68
	W. E.	19,84	21,29
Hiezu 25 v. H. Verschnitt..................... „		4,96	5,32
Kosten des Holzes für 4 m²	W. E.	24,80	26,61
Daher Kosten des Holzes für 1 m².................	W. E.	6,20	6,65
Kosten des Banklohnes .... „ „		2,60	2,60
„ der Maschine................................ „ „		1,74	1,74
„ des Baulohnes.............................. „ „		1,16	1,16
100 v. H. Unkosten .... „ „		5,50	5,50
Selbstkosten .... „ „		17,20	17,65
15 v. H. Gewinnzuschlag............................ „ „		2,58	2,65
Verkaufspreis	W. E.	19,78	20,30

Nr. 282. 1 m² volle Wand aus 27 mm dickem weichem Holz in Nut und
Feder, eventuell mit gekehltem Perlstab, mit beiderseitigem Gesimse
und Sockel und Deckleisten.

Grundlagen: 1 m³ Holz   100 W. E.
1 Gehilfenstunde 1 „ „

Holzerfordernis: Für eine volle Wand, 100 cm breit, 200 cm hoch.

2,00 m² 27 mm dickes Holz .... W. E.		5,40
4,00 m Sockel und Gesimse, 160×20 mm .... „ „		1,28
2,00 „ Gesimse, 40×60 mm .... „ „		0,48
4,00 „ Deckleisten, 60×14 mm .... „ „		0,34
W. E.		7,50
Hiezu 25 v. H. Verschnitt .... „ „		1,88
Kosten des Holzes für 2 m² Wand ... W. E.		9,38

Abb. 45

Daher Kosten des Holzes für 1 m²................... „ „		4,69
Kosten des Banklohnes .... „ „		0,97
„ der Maschine............................ „ „		0,65
„ des Baulohnes............................ „ „		1,07
100 v. H. Unkosten .... „ „		2,69
W. E.		10,07
15 v. H. Gewinnzuschlag........................... „ „		1,53
Verkaufspreis............................... W. E.		11,60

XIV. Wandverkleidungen

Nr. 285. 1 m² Wandverkleidung aus 27 mm dicken Brettern in Nut und
Feder, gefaßt oder gestäbt, mit Sockel, Gesimsleiste samt Anarbeiten
auf Unterlagslatten.

Grundlagen: 1 m³ Holz　　　100 W. E.
1 Gehilfenstunde　1 W. E.
5 mm Sperrholz　3,80 „　„

Holzerfordernis:

1 m² 27 mm dick	W. E.	2,70
1 m Sockel, 20 × 120 mm	„　„	0,24
1 „ Gesimse, 20 × 120 mm	„　„	0,24
2 „ Latten, 50 × 27 mm	„　„	0,27
	W. E.	3,45
Hiezu 25 v. H. Verschnitt	„　„	0,83
Kosten des Holzes für 1 m²	W. E.	4,28
Kleinmaterial (Bankeisen).............................	„　„	0,22
Kosten des Banklohnes	„　„	0,90
„　der Maschine	„　„	0,76
„　des Baulohnes	„　„	1,40
100 v. H. Unkosten	„　„	3,06
Selbstkosten	W. E.	10,62
15 v. H. Gewinnzuschlag.............................	„　„	1,59
Verkaufspreis	W. E.	12,21

Nr. 287 a. 1 m² Wandverkleidung aus 6 mm dicken Sperrholzplatten auf
27 mm dicken, verstemmten Unterlagsrahmen aufgeleimt, samt
Gesimse, Sockel und Fugdeckleisten aus Erlenholz, gebeizt und gewichst.

Grundlagen: 1 m³ Weichholz　　　100 W. E.
1 „　Erlenholz　　200 „　„
1 m² Erlensperrholz-
platten 6 mm　4,50 „　„
1 Gehilfenstunde　　　1 „　„

Holzerfordernis: Für eine Wand, **200 cm breit, 200 cm hoch,** die Unterlagsrahmen mit 2 aufrechten und 2 Quermittelstücken.

1,28 m² 27 mm dickem Weichholz, für Unterlagsrahmen,

			je 100 W. E.	3,45 W. E.
4,00 „	6 „	Sperrholz	„ 4,50 „　„	18,00 „　„
0,40 „	27 „	Erlenholz für Gesimse..	„ 200 „　„	2,10 „　„
0,26 „	20 „	Erlenholz für Sockel ...	„ 200 „　„	1,04 „　„
0,25 „	14 „	Erlenholz für Deckleisten	„ 200 „　„	0,70 „　„
			Vortrag...	25,29 W. E.

Übertrag...	25,29	W. E.	
30 v. H. Verschnitt	7,61	„	„
Daher Kosten des Holzes für 4 m²	32,90	W. E.	
Daher Kosten des Holzes für 1 m²	8,25	„	„
Kleinmaterial (Bankeisen, Politur und Beize)	2,00	„	„
Kosten des Banklohnes	4,50	„	„
„ der Maschine	1,20	„	„
„ des Baulohnes	3,00	„	„
100 v. H. Unkosten	8,70	„	„
Selbstkosten	27,65	W. E.	
15 v. H. Gewinnzuschlag	4,15	„	„
Verkaufspreis	31,80	W. E.	

Nr. 288. 1 m² gestemmte und gekehlte Wandverkleidung aus 27 mm dickem Holz mit 5 mm dicker Sperrholzfüllung, mit Überschubkehlstoß samt Gesimse und Sockel.

Abb. 46

Holzerfordernis: Für eine Wand, **2 m lang, 1 m hoch,** mit 4 Füllungen.

1,14 m² Holz, 27 mm dick, Friesen und Zapfenstück ..	W. E.	3,07	
1,05 „ Sperrholz, 5 mm dick, Füllungen	„	„	4,00
0,26 „ 20 mm Sockel	„	„	0,52
0,14 „ 20 mm Gesimse	„	„	0,28
	W. E.	7,87	
Hiezu 25 v. H. Verschnitt	„	„	1,97
Kosten des Holzes für 2 m²	9,84	W. E.	
Daher Kosten des Holzes für 1 m²	4,92	„	„
Kleinmaterial (Bankeisen)	0,22	„	„
Kosten des Banklohnes	2,00	„	„
„ der Maschine	1,50	„	„
„ des Baulohnes	1,40	„	„
100 v. H. Unkosten	4,90	„	„
Selbstkosten	14,94	W. E.	
15 v. H. Gewinnzuschlag	2,26	„	„
Verkaufspreis für 1 m²	17,20	W. E.	

Nr. 289. 1 m² Wandverkleidung, desgleichen wie Nr. 288, jedoch mit eingekröpften Stäben.

Kosten des Holzes wie vor, plus Stäbe....	6,00	W. E.	
Kleinmaterial (Bankeisen)	0,22	„	„
Kosten des Banklohnes	2,70	„	„
„ der Maschine	2,00	„	„
„ des Baulohnes	1,50	„	„
100 v. H. Unkosten	6,20	„	„
Selbstkosten	18,62	W. E.	
100 v. H. Gewinnzuschlag	2,80	„	„
Verkaufspreis für 1 m²	21,42	W. E.	

Abb. 47

Nr. 290. 1 m² Wandverkleidung, desgleichen wie Nr. vor, jedoch Ausführung
in Eichenholz, samt einmal Grundieren mit Firnis.

Grundlagen: 1 m³ Weichholz   100 W. E.
1 „   Eichenholz   300 „   „
1 Gehilfenstunde   1 „   „

Holzerfordernis:

siehe Nr. 289. .... 0,0393 m³
hiezu 50 v. H. Verschnitt .. 0,0196 m³

ergibt..................... 0,0589 m³ à 300 W. E. ... 17,67 W. E.
    Kleinmaterial (Bankeisen) .... 0,22 „   „
    Kosten des Banklohnes .... 4,50 „   „
    „   der Maschine .... 2,00 „   „
    „   des Baulohnes .... 2,00 „   „
    100 v. H. Unkosten............................... 8,50 „   „

    Selbstkosten .... 34,89 W. E.
    15 v. H. Gewinnzuschlag .... 5,24 „   „

    Verkaufspreis .... 40,13 W. E.
    hiezu Einlassen mit Firnis .... 1,20 „   „

    Verkaufspreis für 1 m² .... 41,33 W. E.

Das ist Aufzahlung 140 v. H. auf die gleiche Weichholzpost.

XV. Mauersockel

Nr. 292. 1 m′ Mauersockel **bis 15 cm hoch,** aus 20 mm dickem Holz samt
Befestigung an Ziegelmauern.

Grundlagen: 1 m³ Weichholz   100 W. E.
1 „   Eichenholz   300 „   „
1 Gehilfenstunde   1 „   „

	Weich	Eiche	
0,15 m² Holz, 20 mm dick	0,30	0,90	W. E.
Verschnitt 25 v. H. (50 v. H.)	0,08	0,45	„ „
	0,38	1,35	W. E.
Kosten des Banklohnes	0,10	0,30	„ „
„ der Maschine........................	0,10	0,20	„ „
„ des Baulohnes.......................	0,30	0,50	„ „
Kleinmaterial................................	—,—	0,20	„ „
100 v. H. Unkosten	0,50	1,00	„ „
Selbstkosten.................................	1,38	3,55	„ „
15 v. H. Gewinnzuschlag	0,14	0,53	„ „
	1,52	4,08	„ „
10 v. H. für Längenverschnitt................	0,15	0,42	„ „
Verkaufspreis	1,67	4,50	W. E.

Nr. 295. 1 m′ Mauersockel, **25 cm hoch,** aus 27 mm dicken Holz samt Befestigung an Ziegelmauern.

Grundlagen: s. Nr. 292.

	Weich	Eiche	
0,25 m² Holz, 27 mm dick	0,68	2,04	W. E.
Verschnitt 25 v. H. (50 v. H.)	0,17	1,02	„ „
	0,85	3,06	W. E.
Kosten des Banklohnes	0,16	0,44	„ „
„ der Maschine	0,16	0,29	„ „
„ des Baulohnes	0,45	0,75	„ „
Kleinmaterial	0,10	0,30	„ „
100 v. H. Unkosten	0,77	1,48	„ „
Selbstkosten	2,49	6,32	W. E.
15 v. H. Gewinnzuschlag	0,37	0,95	„ „
	2,86	7,27	W. E.
Für Längenverschnitt	0,29	0,73	„ „
Verkaufspreis für 1 m′	3,15	8,00	W. E.

XVI. Tore und Windfänge

Nr. 297. 1 m² Haustor aus 50 mm dickem Holz mit 80 × 100 mm dickem Rahmenstock, geradem Sturz, einfacher Ausführung, in der Architekturlichte gemessen samt einseitigen Deckleisten mit 27 mm dicken Füllungen.

Grundlagen: 1 m³ Weichholz 100 W. E.
         1 „ Föhrenholz 100 „   „
         1 „ Eichenholz 300 „   „
         1 Gehilfenstunde 1 „   „

Abb. 48

Holzerfordernis: Für ein Tor laut nebenstehender Skizze, **100 cm breit, 250 cm hoch,** mit Oberlichte.

	Weich	Föhre	Eiche	
Kämpfer und Stock 7,60 m 80/100 mm	6,10	6,10	18,30	W. E.
Deckleisten .... 6,50 „ 60/20 „	0,80	0,80	2,40	„ „
Oberlichtflügel ..... 2,80 „ 50/60 „	0,84	0,84	2,52	„ „
Türfrießen .... 9,10 „ 50/150 „	6,82	6,82	20,46	„ „
Füllungen .... 1,04 m² 27 mm	2,81	2,81	8,43	„ „
Sockel .... 0,20 „ 20 „	0,40	0,40	1,20	„ „
	17,77	17,77	53,31	W. E.
Verschnitt W. 25 v. H., F. 40 v. H., E. 50 v. H.	4,44	7,00	26,65	„ „
Kosten des Holzes für 2,50 m²	22,21	24,77	79,96	W. E.
Vortrag...	22,21	24,77	70,66	W. E.

	Übertrag... 22,21	24,77	70,66 W. E.
Daher Holzkosten für 1 m²	8,86	9,90	31,90 W. E.
Kosten des Banklohnes	4,00	4,00	8,00 „ „
„ der Maschine	2,70	3,00	4,50 „ „
„ des Baulohnes	2,30	2,30	3,00 „ „
100 v. H. Unkostenzuschlag	9,00	9,30	15,50 „ „
Selbstkosten	26,86	28,50	62,90 W. E.
15 v. H. Gewinnzuschlag	4,04	4,28	9,45 „ „
Verkaufspreis für 1 m²..30,90	32,78	72,35 W. E.	

Holzerfordernis: Für ein Tor laut nebenstehender Skizze, **200 cm breit, 300 cm hoch,** mit 50 cm hoher Oberlichte, in jedem Flügel drei Füllungen

Kämpfer plus Stock 10,70 m 80 × 100 mm ..	8,56 W. E·
Deckleisten .... 8,50 „ 60 × 20 „ ..	1,02 „ „
Oberlichtflügel .... 6,25 „ 50 × 60 „ ..	1,85 „ „
Türfriesen .... 20,20 „ 50 × 150 „ ..	15,15 „ „
Füllungen .... 4,25 m² 27 mm.......	11,50 „ „

Abb. 49

	Weich	Föhre	Eiche
Kosten des Holzes für 6 m²	38,11	38,11	114,33 W. E.
Verschnitt W. 25 v. H., F. 40 v. H., E. 50 v. H.	9,53	15,24	57,16 „ „
Daher Holzkosten für 6 m²	47,64	53,35	171,49 W. E.
Daher Holzkosten für 1 m²	7,94	8,89	28,58 W. E.
Kosten des Banklohnes	4,00	4,00	8,00 „ „
„ der Maschine	2,70	3,00	4,50 „ „
„ des Baulohnes	2,30	2,30	3,00 „ „
100 v. H. Unkostenzuschlag	9,00	9,30	15,50 „ „
Selbstkosten	25,94	27,49	59,58 W. E.
15 v. H. Gewinnzuschlag	3,90	4,12	8,98 „ „
Verkaufspreis für 1 m² ..	29,84	31,61	68,56 W. E.

Holzerfordernis: Für ein Tor, **200 cm breit, 300 cm hoch,** ohne Oberlichte, in jedem Flügel 5 Füllungen aus 40 mm dickem Holz.

Nr. 298. a) aus 65 mm dickem Holz, mit 80 × 100 mm dickem Stock
Nr. 299. b) „ 80 „ „ „ „ 80 × 120 „ „ „

	a			b		
	65 mm	65 mm	65 mm	80 mm	80 mm	80 mm
	Weich	Föhre	Eiche	Weich	Föhre	Eiche
Kämpfer plus Stock, 8,50 m, 80 × 100 mm....	6,80	6,80	20,40	—	—	—
Kämpfer plus Stock, 8,50 m, 80 × 120 mm ...	—	—	—	8,20	8,20	24,60
Deckleisten 60 × 20 mm ...	1,02	1,02	3,06	1,02	1,02	3,06
Vortrag...	7,82	7,82	23,46	9,22	9,22	27,66

Übertrag... 7,82	7,82	23,45	9,22	9,22	27,66

Friesen und Zapfenst.

24,40 m, 180×65 mm ..	28,50	28,50	85,50	—	—	—

Friesen und Zapfenst.

24,40 m, 180×80 mm ..	—	—	—	35,15	35,15	105,15
Füllungen 2.70 m², 40 mm .	10,80	10,80	32,40	10,80	10,80	32,40
Sockel 1 m², 27 mm	2,70	2,70	8,10	2,70	2,70	8,10

Schlagleisten 6,20 m²,

50 $\times$ 80 mm	2,48	2,48	7,44	2,48	2,48	7,44
	52,30	52,30	156,90	60,35	60,35	181,05

Verschnitt W. 25 v. H.,

F. 40 v. H., E. 50 v. H....	13,07	20,92	78,45	15,09	24,14	90,53
Holzkosten für 6 m²	65,37	73,22	235,35	75,44	84,40	271,58
Daher Holzkosten für 1 m²	10,89	12,20	39,22	12,57	14,08	45,26
Kosten des Banklohnes ...	5,00	5,00	10,00	6,00	6,00	12,00
„ der Maschine	3,30	3,60	5,50	4,00	4,40	6,60
„ des Baulohnes	2,60	2,60	3,50	3,00	3,00	4,00
100 v. H. Unkostenzuschlag	10,90	11,20	19,00	13,00	13,40	22,60
Selbstkosten	32,69	34,60	77,22	38,57	40,88	90,46
15 v. H. Gewinnzuschlag ..	4,90	5,19	11,57	5,79	6,12	13,54
Verkaufspreis für 1 m²..... 37,59	**39,79**	**88,79**	**44,36**	**47,00**	**104,00**

Nr. 300. 1 m² Windfang aus 50 mm dickem Holz, mit Rahmenstock, einfachster Sprossenteilung (Glaslichten etwa 35×35 cm), einfachster Ausführung, mit geradem Sturz.

Holzerfordernis: Für einen Windfang, **200 cm breit, 300 cm hoch,** mit 50 cm hoher Oberlichte, 1 m hoher Brüstung, in jedem Flügel zwei Füllungen, darüber Sprossenteilung mit 2 aufrechten und 3 Quersprossen, in der Oberlichte 5 aufrechte und 1 Quersprosse.

		Weich	Eiche	
Stockholz und Kämpfer .. 10,70 m 80×100 mm...		8,56 ⎫		W. E.
Deckleisten .... 17,00 „ 60×20 „ ...		2,04 ⎪		„ „
Oberlichtflügel .... 5,00 „ 50×80 „ ...		2,00 ⎪		„ „
Friesen u. Zapfenstücke ... 19,60 „ 50×150 „ ...		14,70 ⎬ $\times 3$		„ „
Füllungen .. 0,75 m² 27 mm		2,03 ⎪		„ „
Sprossen ...18,00 m 50×27 mm ..		2,43 ⎪		„ „
Schlagleisten 5,00 m 50×30 „ ...		0,75 ⎭		„ „
		32,51	97,53	W. E.
Verschnitt W. 25 v. H., E. 50 v. H. .		8,13	48,76	„ „
Daher Holzkosten für 6 m²		40,64	146,29	W. E.
Daher Holzkosten für 1 m²		6,74	24,38	W. E.
Kosten des Banklohnes		3,30	6,60	„ „
„ der Maschine		2,20	3,70	„ „
„ des Baulohnes		2,14	2,80	„ „
100 v. H. Unkostenzuschlag		7,64	13,10	„ „
Selbstkosten		22,05	50,58	W. E.
15 v. H. Gewinnzuschlag		3,30	7,58	„ „
Verkaufspreis für 1 m²		25,35	58,16	W. E.

Abb. 50

XVII. Fußtritte (Türschwelle)

Nr. 307. 1 Stück Fußtritt, bis 10 cm breit, 65 cm, 90 cm und 125 cm lang.

Grundlagen: 1 m³ Weichholz   100 W. E.
          1 „   Eichenholz   200 „   „
          1 Gehilfenstunde   1 „   „

	Eiche		
	65 cm	90 cm	125 cm
Kosten des Holzes..........	0,38 W. E.	0,49 W. E.	0,70 W. E.
50 v. H. Verschnitt.........	0,19 „ „	0,25 „ „	0,35 „ „
	0,57 W. E.	0,74 W. E.	1,05 W. E.
Kosten des Banklohnes	—,20 „ „	0,25 „ „	0,30 „ „
„ der Maschine	0,08 „ „	0,10 „ „	0,12 „ „
„ des Baulohnes	0,49 „ „	0,49 „ „	0,61 „ „
100 v. H. Unkosten.........	0,77 „ „	0,84 „ „	1,03 „ „
Selbstkosten ..	2,11 W. E.	2,42 W. E.	3,11 W. E.
15 v. H. Gewinnzuschlag ...	0,32 „ „	0,36 „ „	0,47 „ „
Verkaufspreis ..	2,43 W. E.	2,78 W. E.	3,58 W. E.

Nr. 310. 1 Stück Fußtritt, 16 bis 18 cm breit, 65 cm lang.

Grundlagen: 1 m³ Weichholz   100 W. E.
          1 „   Eichenholz   200 „   „
          1 Gehilfenstunde   1 „   „

	Weich	Eiche
Kosten des Holzes........................	0,33	0,66 W. E.
Verschnitt 20 v. H. W., 50 v. H. E.	0,07	0,34 „ „
	0,40	1,00 W. E.
Kosten des Banklohnes	0,15	0,25 „ „
„ der Maschine.........................	0,05	0,10 „ „
„ des Baulohnes........................	0,38	0,49 „ „
100 v. H. Unkostenzuschlag.....................	0,58	0,84 „ „
Selbstkosten..................	1,56	2,68 W. E.
15 v. H. Gewinnzuschlag	0,24	0,40 „ „
Verkaufspreis	1,80	3,08 W. E.

Nr. 311. 1 Stück Fußtritt, 16 bis 18 cm breit, 90 cm lang.

	Weich	Eiche
Kosten des Holzes	0,45	0,90 W. E.
Verschnitt W. 20 v. H., E. 50 v. H...............	0,09	0,45 „ „
Vortrag...	0,54	1,35 W. E.

	Übertrag ...	0,54	1,35	W. E.
Kosten des Banklohnes		0,18	0,30	„ „
„ der Maschine		0,06	0,12	„ „
„ des Baulohnes		0,38	0,49	„ „
100 v. H. Unkostenzuschlag		0,62	0,91	„ „
Selbstkosten		1,78	3,17	W. E.
15 v. H. Gewinnzuschlag		0,27	0,48	„ „
Verkaufspreis		2,05	3,65	W. E.

Nr. 312. 1 Stück Fußtritt, **16 bis 18 cm breit, 125 cm lang.**

Grundlagen: 1 m³ Weichholz 100 W. E.
1 „ Eichenholz 200 „ „
1 Gehilfenstunde 1 „ „

	Weich	Eiche	
Kosten des Holzes	0,62	1,24	W. E.
Verschnitt W. 20 v. H., E. 50 v. H.	0,12	0,62	„ „
	0,74	1,86	W. E.
Kosten des Banklohnes	0,20	0,35	„ „
„ der Maschine	0,07	0,15	„ „
„ des Baulohnes	0,40	0,61	„ „
100 v. H. Unkostenzuschlag	0,67	1,11	„ „
Selbstkosten	2,08	4,08	W. E.
15 v. H. Gewinnzuschlag	0,31	0,61	„ „
Verkaufspreis	2,39	4,69	W. E.

Nr. 313. 1 Stück verstemmter Fußtritt aus Eichenholz, **90 cm lang, 50 cm breit.**

Grundlagen: 1 m² Mauerfries 11 W. E.
1 „ Eichenbrettl 11 „ „
1 Gehilfenstunde 1 „ „

2,80 m Mauerfries .... 2,80 m
15 v. H. Verschnitt .... 0,42 „

3,22 m   10 cm breit ... 0,32 m²
            Brettel .... 0,25 „

0,57 m² à 11 W. E.

Holzkosten	6,27	W. E.
Kosten des Banklohnes	0,90	„ „
„ der Maschine	0,30	„ „
„ des Baulohnes	1,14	„ „
100 v. H. Unkostenzuschlag	2,34	„ „
Selbstkosten	10,95	W. E.
15 v. H. Gewinnzuschlag	1,65	„ „
Verkaufspreis	12,60	W. E.
ergibt je 1 m²	28,00	W. E.

6*

XVIII. Stiegen

Eine gerade Stiege laut Abb. 51 mit gestemmten, 30 cm breiten, 50 mm starken Wangen, Wangenlichte 90 cm breit, mit 6 Stufen (Trittbretter 28 cm breit, aus 50 mm, Stoßbretter aus 20 mm dickem Holz), ohne Geländer.

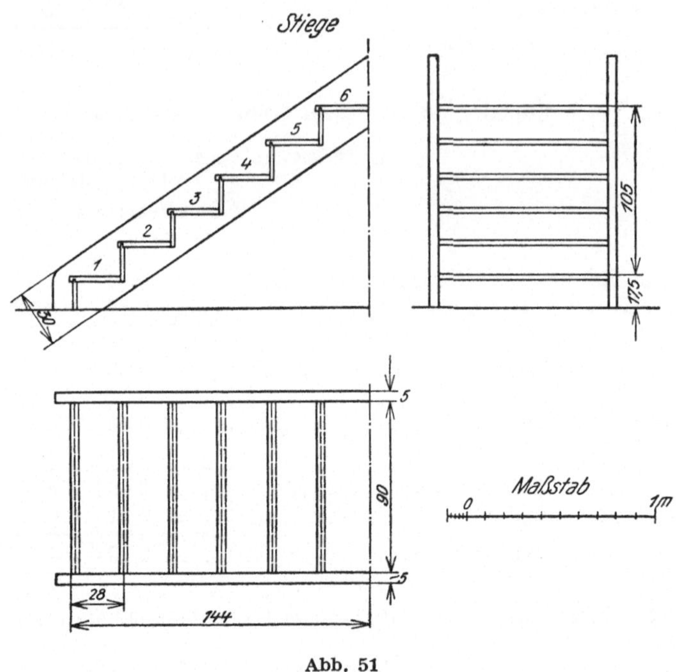

Abb. 51

Grundlagen: 1 m³ Weichholz   100 W. E.
             1 „   Eichenholz 300 „   „
             1 Gehilfenstunde   1 „   „

2 Wangen 220 cm lang, 30 cm breit,
           50 mm stark .. 0,066 m³
6 Stufen 100 cm lang, 30 cm breit,
           50 mm stark ... 0,090 m³
6 Stoßbretter 100 cm lang, 21 cm breit,
           20 mm stark ... 0,025 m³   0,181   0,181 m³

	Weich	Eiche
Verschnitt W. 30 v. H., E. 50 v. H.	0,054	0,090 „
	0,235	0,271 m³
Holzkosten	23,50	81,30 W. E.
Auftragen und Anreißen	3,00	3,00 „ „
Vortrag...	26,50	84,30 W. E.

Übertrag... 26,50   84,30   W. E.

Kosten des Banklohnes 12,00   24,00   ,, ,,
,,   der Maschine   8,00   16,00   ,, ,,
,,   des Baulohnes   6,00   9,00   ,, ,,
Unkostenzuschlag 29,00   52,00   ,, ,,
Stiegenschrauben und Kleinmaterial   5,00   5,00   ,, ,,

   Selbstkosten 86,50   190,30   W. E.
15 v. H. Gewinnzuschlag 12,90   28,50   ,, ,,

   Verkaufspreis 99,40   218,80   W. E.

Eine gerade Stiege, zweiarmig, mit Platzel, laut Abb. 52, mit 20 Höhen (17 cm), 100 cm Wangenlichte, mit 28 cm breiten Trittstufen aus 50 mm,

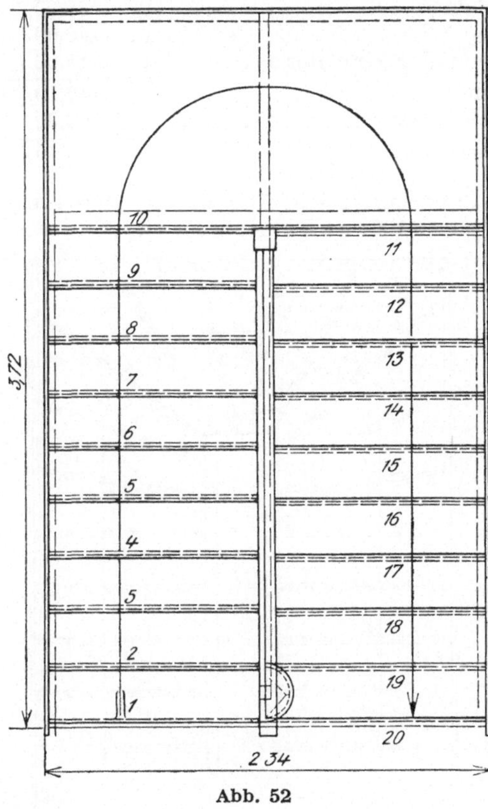

Abb. 52

Stoßbretter aus 20 mm, Wangen aus 65 mm dickem Holz, mit 15 × 15 cm starker Spindelsäule, ohne Geländer.

Grundlagen: 1 m³ Weichholz 100 W. E.
1 ,,   Eichenholz 300 ,,   ,,
1 Gehilfenstunde   1 ,,   ,,

		Weich	Eiche	
19 m Wangen 300 × 65 mm .... 0,371 m³				
1,8 „ Säule 150 × 150 mm .... 0,041 „				
19 Stück Stufen 110 cm lang, 310/50 mm 0,324 „				
2,20 m Platzel 103 cm breit, 50 mm				
dick..................... 0,114 „				
20 Stück Stoßbretter 110 cm lang,				
220 × 20 mm .... 0,097 „		0,947	0,947	W. E.
Verschnitt W. 30 v. H., E. 50 v. H..............		0,284	0,473	„ „
		1,231	1,420	W. E.
Kosten des Holzes		123,10	426,00	W. E.
Auftragen und Anreißen......................		24,00	24,00	„ „
Kosten des Banklohnes		70,00	140,00	„ „
„ der Maschine......................		35,00	70,00	„ „
„ des Baulohnes.....................		35,00	58,00	„ „
Unkostenzuschlag		140,00	268,00	„ „
Stiegenschrauben und Kleinmaterial		15,00	15,00	„ „
Selbstkosten............................		442,10	1001,00	W. E.
15 v. H. Gewinnzuschlag		66,30	150,00	„ „
Verkaufspreis		508,40	1151,00	W. E.

Eine gerade Stiege zweiarmig laut Abb. 53 mit 19 teilweise geraden, teilweise Spitzstufen, 100 cm Wangenlichte mit 28 cm breiten Trittstufen

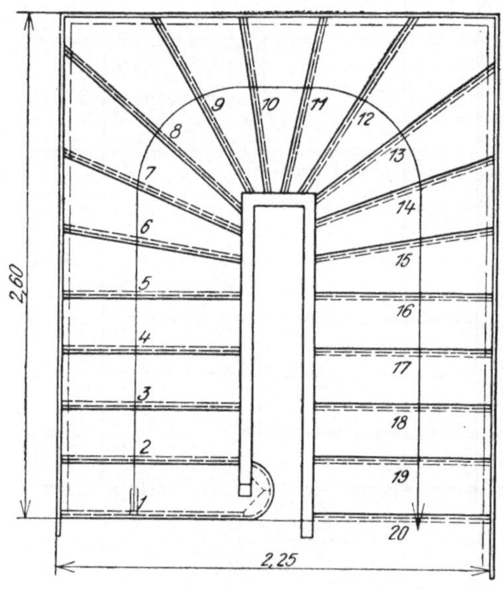

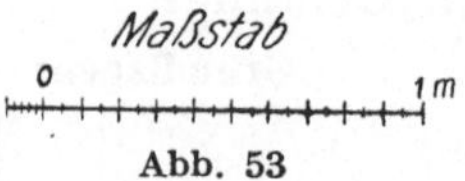

Abb. 53

aus 50 mm, Stoßbretter aus 20 mm, Wangen aus 65 mm dicken Holz
mit 15×15 cm starker Spindelsäule, **ohne Geländer**.

Grundlagen: wie Post vor

	Weich	Eiche
18 m′ Wangen 350×65 mm 0,410		
1,8 „ Säule 150×150 mm 0,041		
7,80 m² Stufen 50 mm 0,390		
20 Stück Stoßbretter 120 cm lang, 220×20 mm 0,106	0,947	0,947
Verschnitt: Weich 40 v. H.	0,379	
Eiche 60 v. H.......		0,568
	1,326	1,515
Kosten des Holzes	132,60	454,50 W. E.
Auftragen und Anreissen	35,0	35,0 „ „
Kosten des Banklohnes................	90,0	180,0 „ „
„ der Maschine	45,0	90,0 „ „
„ des Baulohnes	55,0	100.0 „ „
Unkostenzuschlag......................	190,0	370,0 „ „
Stiegenschrauben und Kleinmaterial......	21,0	21,0 „ „
Selbstkosten	568,60	1250,50 W. E.
15 v. H. Gewinnzuschlag	85,30	187,50 „ „
Verkaufspreis	653.90	1438,0 W. E.

1 m′ **Geländer wagrecht**, mit 11 cm von einander entfernten 4,5×4,5 cm
dicken Sprossen, mit Sockelstück und Holm, 100 cm hoch, bei mindestens 10 m Länge

für 1 m′

		Weich	Eiche
2,0 m′ 50×60.. 0,0060			
1,0 „ 50×50.. 0,0025			
2,0 „ 60×20.. 0,0024			
4,75 „ 46×46.. 0,0180	0,0189	0,0189	
Verschnitt: Weich 25 v. H. 0,0047			
Eiche 50 v. H.	0,0095		
0,0236	0,0284		

Abb. 54

Kosten des Holzes	2,36	8,52 W. E.
„ „ Banklohnes	1,80	3,80 „ „
„ der Maschine	1,80	2,70 „ „
„ des Baulohnes	0,80	1,20 „ „
Bankeisen	0,30	0,30 „ „
	7,06	16,52 W. E.
Unkostenzuschlag	4,40	7,70 „ „
Selbstkosten	11,46	24,22 W. E.
15 v. H. Gewinnzuschlag	1,72	3,63 „ „
Verkaufspreis für 1 m′ ..	13,18	27,85 W. E.

1 m′ Geländer genau wie vor beschrieben, jedoch ansteigend, die Sprossen
auf den Wangen eingestemmt

Grundlagen: wie vor

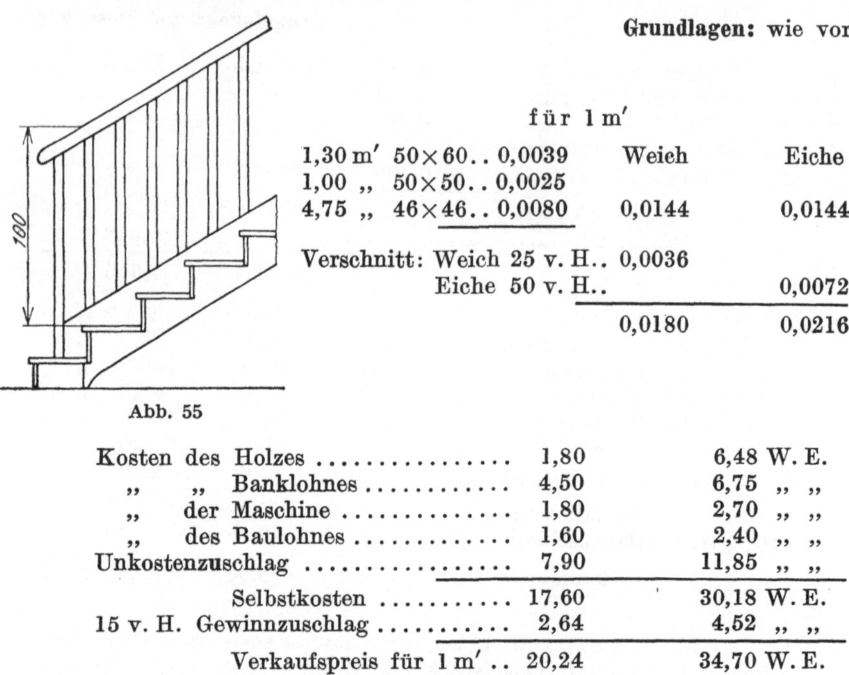

Abb. 55

f ü r   1 m′

	Weich	Eiche
1,30 m′ 50×60 . . 0,0039		
1,00 „ 50×50 . . 0,0025		
4,75 „ 46×46 . . 0,0080	0,0144	0,0144
Verschnitt: Weich 25 v. H. . 0,0036		
Eiche 50 v. H. .		0,0072
	0,0180	0,0216

		Weich	Eiche
Kosten des Holzes		1,80	6,48 W. E.
„ „ Banklohnes		4,50	6,75 „ „
„ der Maschine		1,80	2,70 „ „
„ des Baulohnes		1,60	2,40 „ „
Unkostenzuschlag		7,90	11,85 „ „
Selbstkosten		17,60	30,18 W. E.
15 v. H. Gewinnzuschlag		2,64	4,52 „ „
Verkaufspreis für 1 m′ . .		20,24	34,70 W. E.

XIX. Fußböden

**Für diesen Abschnitt gelten die Berechnungsarten mit Währungs-
einheiten nicht, sondern sind die angegebenen Preise gültig in Schillingen
für Wiener Verhältnisse.**

Grundlagen: 1 m³ Blindholz	100.—	S
1 „ Polsterholz	110.—	„
1 „ sonstiges Holz	130.—	„
1 m² Eichenbrettel Ia.	13.—	„
1 „ „ IIa	12.—	„
1 „ Buchenbrettel	9.—	„
Mauerfriesen um 25 v. H. mehr als Brettel		
1 m eichene Sesselleiste	—,50	„
1 „ weiche „	—,30	„

Die angeführten Berechnungen gelten für Mengen von 100 m² aufwärts.

Grundlagen: s. S. 88.

Nr. 327. 1 m² Blindboden aus 26 mm dickem Holz, mit 50 × 80 mm Polsterhölzern auf 80 cm Verlagsweite.

1 m² 26 mm je 100.— S	2.60 S
1,70 m 50 × 80 mm je 110 S	0.75 „
Zufuhr	0.15 „
Stiften	0.10 „
Verlegelohn	0.53 „
Unkosten	0.53 „
	4.66 S
Gewinnzuschlag 15 v. H.	0.69 „
Verkaufspreis	5.35 S

Nr. 328, 335. 1 m² Schiffboden aus 26 mm (50 mm) dickem Holz samt
50 × 80 mm Polsterhölzern auf 80 cm Verlagsweite, samt
weichen Sesselleisten.

	26 mm	50 mm
1,70 m 50 × 80 mm je 110.— S	0.75	0.75 S
1 m² Schiffboden je 4.50 S bzw. 7,95 S	4.50	7.95 „
15 v. H. Längenverschnitt	0.68	1.20 „
Zufuhr	0.25	0.50 „
Stiften	0.15	0.20 „
Sesselleisten	0.24	0.24 „
Legelohn	0.85	1.32 „
Unkosten	0.85	1.32 „
Selbstkosten	8.27	13.48 S
15 v. H. Gewinnzuschlag	1.23	2.02 „
Verkaufspreis	9.50	15.50 S

Nr. 338. 1 m² eichener Brettelboden I a, 25 mm stark, samt Mauerfriesen und Sesselleisten, samt Abziehen und Einlassen, auf vor-
handenem Blindboden verlegt.

1 m Mauerfries, 10 cm breit, je 1.73 S	1.73 S
0,90 m² Eichenbrettel je 13.— S	11.70 „
4 v. H. Verschnitt	0.47 „
0,80 m Sesselleisten je 0.50 S	0.40 „
Stiften	0.20 „
Wachs	0.04 „
Legelohn, Mauerfrieße	0.20 ,
Legelohn 0 9 m² Brettl je 1.17 S	1.05 „
Putzen und Einlassen	0.70 „
Unkosten	1.95 „
Selbstkosten	18.45 S
15 v. H. Gewinnzuschlag	2.76 „
Verkaufspreis	21.21 S

Nr. 344. 1 m² eichener Brettelboden, 25 mm stark, samt Mauerfriesen und Sesselleisten, samt Abziehen und Einlassen, auf vorhandenen Blindboden, würfelförmig verlegt.

1 m Mauerfries	1.73 S
0,9 m² Brettel je 15.— S	13.50 „
6 v. H. Verschnitt	0.81 „
0,8 m Sesselleisten je 0.50 S	0.40 „
Stiften	0.20 „
Wachs	0.04 „
Legelohn, Mauerfries	0.22 „
Legelohn, 0,9 m² Brettl je 1.85 S	1.67 „
Putzen und Einlassen	0.70 „
Unkosten	2.59 „
Selbstkosten	21.86 S
15 v. H. Gewinnzuschlag	3.28 „
Verkaufspreis	25.14 S

Nr. 346. 1 m² eichenen furnierten Parkettfußboden mit lagerndem Muster verlegen, abziehen und einlassen.

1 m Mauerfries	1.73 S
je m² 2¼ Parkettafeln zu 16.50 S	37.13 „
Sesselleisten	0.40 „
Stiften	0.20 „
Wachs	0.04 „
Legelohn samt Mauerfries	2.81 „
Putzen und Einlassen	0.85 „
Unkosten	3.66 „
Selbstkosten	46.82 S
15 v. H. Gewinnzuschlag	7.02 „
Verkaufspreis	53.84 S

Nr. 348. 1 m² alten Brettelboden abziehen und einmal einlassen.

Nr. 349. 1 m² alten Brettelboden abhobeln, abziehen und einmal einlassen.

	Nr. 348	Nr. 349
Lohn je nach Beschaffenheit des Bodens, mindestens aber	1.12 S	1.43 S
Unkosten	1.12 „	1.43 „
Wachs	0.04 „	0.04 „
Selbstkosten	2.28 S	2.90 S
15 v. H. Gewinnzuschlag	0.34 „	0.45 „
Verkaufspreis mindestens	2.62 S	3.35 S

Zweiter Teil

Preisbuch

Die mit * versehenen Nummern sind im ersten Teil durchgerechnet.

1. Fenster

Holzstärken siehe Preisberechnungsbuch.

Grundlagen: 1 m³ Tischlerholz 100 W. E.
„ Pfostenstockholz 80 „ „
1 Gehilfenstunde 1 „ „

Die Preise verstehen sich in **Währungseinheiten,** ausgeführt laut Abbildungen samt 20 cm breitem Fensterbrett ohne Deckleisten

Einflügelige Fenster

a) mit nur äußeren Flügeln,
b) mit äußeren und inneren Flügeln.

Nr.	Stock-lichte in cm		Rahmen-stock	Pfostenstock		Rahmenpfosten-stock	
				a	b	a	b
*1.	30 × 40	1	7,37	8,99	12,11	10,87	13,96
2.	30 × 80	2	8,68	10,93	14,90	13,01	16,95
*3.	30 × 120	3	9,99	12,86	17,69	15,15	19,93
*4.	50 × 50	4	8,76	10,81	14,54	13,03	16,74
5.	50 × 80	5	9,97	12,39	16,89	14,98	19,20
6.	50 × 100	6	10,78	13,45	18,46	16,28	20,84
7.	50 × 120	7	11,59	14,51	20,03	17,58	22,49
*8.	50 × 140	8	12,40	15,56	21,60	18,88	24,14
9.	50 × 160	9	13,20	16,55	23,10	20,10	25,75
10.	70 × 40	10	10,57	12,51	17,69	15,05	20,03
*11.	70 × 70	11	11,43	13,92	19,58	16,68	22,10
12.	70 × 100	12	12,29	15,33	21,47	18,31	24,17
*13.	70 × 140	13	13,43	17,22	23,99	20,49	26,94

Zweiflügelige Fenster

a) mit nur äußeren Flügeln,
b) mit äußeren und inneren Flügeln.

Grundlagen: 1 m³ Tischlerholz   100 W. E.
           1 „ Pfostenstockholz 80 „ „
           1 Gehilfenstunde   1 „ „

Nr.	Stock-lichte in cm	Rahmenstock	Pfostenstock a	Pfostenstock b	Falzleisten a	Falzleisten b	Rahmenpfostenstock a	Rahmenpfostenstock b
14.	30 × 100	12,25	14,87	21,37	—	—	18,00	24,48
*15.	50 × 100	13,43	16,26	22,48	—	—	19,79	25,46
16.	50 × 150	15,36	18,83	26,78	—	—	22,94	30,58
*17.	50 × 200	17,30	21,40	31,07	—	—	26,08	35,71
18.	50 × 250	20,02	25,25	36,59	—	—	30,81	41,96
*19.	50 × 300	23,02	28,96	41,86	—	—	34,10	48,36
20.	70 × 200	19,66	24,18	33,29	—	—	29,66	37,67
*21.	80 × 70	15,47	17,63	25,65	19,05	27,08	21,40	29,44
22.	80 × 120	18,63	22,02	31,58	22,99	33,23	25,83	36,18
*23.	80 × 160	21,16	25.53	36,33	26,14	38,25	29,37	41,57
*24.	100 × 100	18,75	21,30	31,48	23,02	33,18	25,80	35,97
25.	100 × 120	19,96	22,70	33,77	24,54	35,58	27,57	38,63
26.	100 × 140	21,17	24,10	36,06	26,06	37,98	29,34	41,29
27.	100 × 160	22,37	25,50	38,35	27,59	40,39	31,12	43,96
28.	125 × 100	20,04	22,87	33,74	24,76	35,58	27,58	38,53
*29.	125 × 160	23,66	27,07	40,61	29,33	42,80	32,90	46,52

Dreiflügelige Fenster

a) mit nur äußeren Flügeln,
b) mit äußeren und inneren Flügeln.

Grundlagen: 1 m³ Tischlerholz 100 W. E.
1 „ Pfostenstockholz 80 „ „
1 Gehilfenstunde 1 „ „

Nr.	Stocklichte in cm		Rahmenstock	Pfostenstock		Falzleisten		Rahmenpfostenstock	
				a	b	a	b	a	b
*30.	80 × 160		24,—	27,26	45,22	31,41	47,74	35,75	52,33
31.	80 × 200		26,28	29,61	47,78	34,82	52,63	39,13	57,21
32.	80 × 250		29,55	33,74	54,50	39,54	60,06	44,39	65,24
*33.	80 × 300		32,22	37,27	60,03	43,66	66,30	49,05	72,06
34.	100 × 140		24,50	27,44	44,65	32,65	49,11	35,84	53,17
35.	100 × 160		25,31	28,78	46,07	33,49	50,57	37,63	54,96
*36.	100 × 200		27,54	31,30	50,11	35,77	54,68	41,08	59,93
*37.	100 × 250		30,71	35,49	57,03	41,20	63,27	46,29	68,75
*38.	100 × 300		33,95	39,32	63,17	45,91	69,25	51,58	75,27
*39.	125 × 160		26,54	30,42	48,48	36,16	51,72	39,51	56,22
*40.	125 × 200		28,83	32,89	52,90	38,30	57,87	43,03	62,90
41.	125 × 250		32,65	37,55	60,58	43,69	66,05	49,05	71,74
42.	125 × 300		35,87	41,61	67,06	48,48	73,03	54,48	79,37

Vierflügelige Fenster

a) mit nur äußeren Flügeln,
b) mit äußeren und inneren Flügeln.

Grundlagen: 1 m³ Tischlerholz 100 W. E.
1 „ Pfostenstockholz 80 „ „
1 Gehilfenstunde 1 „ „

Nr.	Stock-lichte cm		Rahmen-stock	Pfosten-stock		Falzleisten		Rahmen-pfostenstock	
				a	b	a	b	a	b
43.	80 × 140		24,92	28,57	45,62	32,52	49,57	37,15	54,03
*44.	80 × 160		26,04	30,04	48,02	34,05	51,89	38,34	56,50
*45.	80 × 200		28,28	32,98	52,83	37,13	56,52	41,72	61,44
46.	80 × 250		31,75	37,86	59,66	41,89	63,91	47,03	69,43
47.	80 × 300		34,76	40,83	65,57	46,18	70,37	51,87	76,49
48.	100 × 140		26,02	30,33	47,90	34,15	51,86	38,35	56,55
49.	100 × 160		27,20	31,70	50,30	35,65	54,30	40,10	59,10
*50.	100 × 200		29,56	34,44	55,09	38,66	59,18	43,61	64,19
51.	100 × 250		33,22	38,38	62,26	43,77	66,94	49,24	72,66
*52.	100 × 300		36,48	41,85	68,51	48,42	73,78	54,40	80,20
53.	125 × 160		28,43	33,42	52,70	37,36	56,80	41,98	61,74
*54.	125 × 200		30,76	35,66	57,16	40,49	61,52	45,49	66,86
55.	125 × 250		34,92	40,44	65,—	46,05	69,96	51,71	75,99
*56.	125 × 300		38,61	44,75	71,91	51,15	77,46	57,47	84,19

57. Preisabzng bei 46 × 46 mm Flügelholz:

      bei einfachen Fenstern................. 2 v. H.
      bei doppelten Fenstern .... 3 v. H.

58. Preisabzug bei 45 × 50 mm Flügelholz:

      bei einfachen Fenstern................. 1 v. H.
      bei doppelten Fenstern .... 2 v. H.

59. für jeden   40 cm langen Sprossen Auf- oder Abschlag   0,23 W. E.
60. „   „   100   „   „   „   „   „   „   0,30 „ „
61. „   „   200   „   „   „   „   „   „   0,53 „ „
62. Aufzahlung für jede Kreuzung...................... 0,38 „ „
63. Aufzahlung für 1 m verdecktes Jalousiekastel .... 3,50 „ „
***64.**   „   „   1 m sichtbares Jalousiekastel (ohne Türl) 4,15 „ „
65.   „   „   1 m   „   „   (mit „) 5,00 „ „
66.   „   „   1 m Rollbalkenkastel zu Holzrollbalken 12,60 „ „
67. Aufzahlung für 1 m breites Rollbalkenkastel samt
Stock für Holzrollbalken bei Fenstergröße 100 × 200 cm   18,50 „ „
68. Aufzahlung für Segmentsturz bis 20 cm Pfeilhöhe für
1 m Breite, mindestens aber:

    a) für nach außen gehende Fenster .... 11,90 „ „

    b) „   „   innen   „   „   , Pfostenstock
       gerade .... 9,60 „ „

    c) für nach innen gehende Fenster, Pfostenstock
       im Segment .... 18,20 „ „

69. Aufzahlung für Halbkreis- oder Korbbogensturz für
1 m Breite, mindestens aber:

    a) für nach außen gehende Fenster .... 23,80 „ „

    b) „   „   innen   „   „   , Pfostenstock
       gerade .... 18,50 „ „

    c) für nach innen gehende Fenster, Pfostenstock
       im Segment .... 37,40 „ „

***70.** Aufzahlung für dreiteilige Fenster auf die entspre-
chende Post: 50 v. H.

71. 1 m Nut- oder Fugendeckleiste .... —,62 „ „

72. 1 Oberlichtflügel ohne Einschlagstück, ohne Einpassen
und ohne Sprossen, bis 0,70 × 1,00 m .... 3,10 „ „

73. 1 Oberlichtflügel mit Einschlagstück, ohne Einpassen
und ohne Sprossen, bis 0,70 × 1,00 m .... 3,70 „ „

74. 1 Unterflügel ohne Einschlagstück, ohne Einpassen
und ohne Sprossen, bis 0,60 × 1,40 m .... 5,10 „ „

75. 1 Unterflügel mit Einschlagstück, ohne Einpassen und
ohne Sprossen, bis 0,60 × 1,40 m .... 6,10 „ „

76. Aufzahlung für je 10 cm Fensterbrettmehrbreite über
20 cm für je 1 m Länge .... 1,20 „ „

2. Jalousiebalken und äußere Fensterladen

Äußere Fensterladen mit festen oder beweglichen Bretteln, mit und ohne Ausspreizflügeln.

		ohne Stock		mit 5×8 cm Stock	
		ohne	mit	ohne	mit
			Ausspreizflügeln		
77.	Einflügelig, 50 cm breit, 100 cm hoch	9,40	12,50	13,06	16,15 W. E.
78.	Zweiflügelig, 100 cm breit, 100 cm hoch	17,95	24,13	24,61	30,60 „ „
79.	Zweiflügelig, 100 cm breit, 160 cm hoch	27,36	36,46	36,71	45,58 „ „
80.	Zweiflügelig, 100 cm breit, 200 cm hoch	34,71	44,72	45,84	55,49 „ „
81.	Vierflügelig, 100 cm breit, 200 cm hoch	39,30	49,30	51,06	60,66 „ „

3. Verstemmte Fensterladen

aus 26 mm dicken, bei 200 cm hohen aus 33 mm dicken, 10 cm breiten Friesen mit 20 mm starken abgeplatteten Füllungen und 50×90 mm starken Verdopplungsstock

82.	Einteilig	50 cm breit, 100 cm hoch..............	18,43 W. E.
83.	Zweiteilig 100 „	„ 100 „ „	30,07 „ „
84.	„ 100 „	„ 160 „ „	35,60 „ „
85.	„ 100 „	„ 200 „ „	40,32 „ „
86.	Dreiteilig 100 „	„ 200 „ „	47,27 „ „
87.	Vierteilig 100 „	„ 200 „ „	54,11 „ „

87a. Für 5 mm Sperrholzfüllungen Aufzahlung 5 v. H.

4. Innere Fensterbalken mit Mauerkästen

(gehende Spaletten)

mit 50×90 mm Verdopplungsstock, ausgeschalten Mauerkästen mit verstemmter Rückwand, mit 85 cm hoher Brustwand und gekehlten 13 cm breiten Zierverkleidungen.

Grundlagen: 1 m³ Tischlerholz 100 W. E.
1 Gehilfenstunde 1 „ „

88.	Zweiteilig zu Fensterstocklichte 100 cm breit, 160 cm hoch	106,24 W. E.
89.	Zweiteilig zu Fensterstocklichte 100 cm breit, 200 cm hoch	114,97 „ „

90. Dreiteilig zu Fensterstocklichte 100 cm breit,
200 cm hoch .... 124,67 W. E.

91. Vierteilig zu Fensterstocklichte 100 cm breit,
200 cm hoch .... 134,40 „ „

92. Fünfteilig zu Fensterstocklichte 100 cm breit,
200 cm hoch .... 143,66 „ „

93. Sechsteilig zu Fensterstocklichte 100 cm breit,
200 cm hoch .... 153,16 „ „

5. Eckverkleidungen

zu Fenster und Türen, wenn glatt 90 mm breit, 26 mm stark, wenn gekehlt,
mit aufgeleimter Leiste 130 mm breit, 20 mm stark.

Grundlagen: 1 m³ Tischlerholz 100 W. E.
1 Gehilfenstunde 1 „ „

							glatt	gekehlt
94.	für Mauerlichte	70 cm breit,	210 cm hoch.....				9,57	12,01 W. E.
95.	„	„	100 „	„	210 „	„	9,78	12,37 „ „
96.	„	„	150 „	„	210 „	„	10,10	12,95 „ „
97.	„	„	70 „	„	250 „	„	10,10	12,95 „ „
98.	„	„	100 „	„	250 „	„	10,47	13,35 „ „
99.	„	„	150 „	„	250 „	„	11,10	14,03 „ „
100.	„	„	200 „	„	250 „	„	11,74	14,69 „ „
101.	„	„	100 „	„	300 „	„	11,74	14,69 „ „
102.	„	„	150 „	„	300 „	„	12,05	15,05 „ „
103.	„	„	200 „	„	300 „	„	12,36	15,41 „ „

6. Brustwände

gestemmt und gekehlt, 85 cm hoch, aus 26 mm dicken, 12 cm breiten
Friesen und a) 20 mm dicken Füllungen und 14 mm starkem Sockel. b) Mit
5 mm dicken Sperrholzfüllungen.

Grundlagen: 1 m³ Holz 100 W. E.
1 Gehilfenstunde 1 „ „

		a	b
		20 mm	5 mm
104.	70 cm breit	11,06	11,61 W. E.
105.	100 „ „	13,50	14,18 „ „
106.	125 „ „	15,09	15,84 „ „
107.	150 „ „	18,29	19,21 „ „
108.	200 „ „	23,04	24,20 „ „
109.	250 „ „	27,77	29,17 „ „

7. Blindspaletten (Fensterfutter)

für Fenster samt Seitenwänden, mit 85 cm hoher Brustwand und gekehlter Zierverkleidung.

Grundlagen: 1 m³ Holz   100 W. E.
1 Gehilfenstunde 1 „ „

Nr.		10—15 cm glatt	15—20 cm ausgegründet	25—30 cm gestemmt	40—45 cm gestemmt	55—60 cm gestemmt	Falls glatte Verkleidung abzurechnen
		W. E.					
110.	für 70×160 cm	31,11	37,06	48,86	54,91	64,79	3,10
111.	„ 70×200 „	32,92	39,11	51,45	57,64	68,09	3,47
112.	„ 100×160 „	34,14	40,20	52,23	58,26	68,39	3,23
113.	„ 100×200 „	35,92	42,32	54,96	61,15	71,71	3,60
114.	„ 150×200 „	42,03	48,70	61,84	68,28	79,62	3,83
115.	„ 150×300 „	47,15	55,39	71,74	80,02	93,96	4,75
116.	„ 200×200 „	48,48	55,79	70,79	78,33	90,79	4,06

8. Speiskasten (Fensterbrüstungskasten)

85 cm hoch, bis 120 cm lang, zweitürig, mit 2 Häuptern und 1 Querfach, ohne Beschläge.

Grundlagen: 1 m³ Holz   100 W. E.
1 Gehilfenstunde 1 „ „

                 mit
       weicher   Ahorn-
                 Platte

117. 30 cm tief, ohne Rückwand 27,34   40,38 W. E.
118. 45 „ „ „ „ 31,65   45,55 „ „
119. 30 „ „ mit „ 37,04   50,08 „ „
120. 45 „ „ „ „ 41,35   55,55 „ „

9. Türen und Zugehöriges

Türstöcke

Grundlagen: 1 m³ Stockholz 80 W. E.
1 Gehilfenstunde 1 „ „

      Rauhe

Nr.	Rauher Holzquerschnitt in mm	Stocklichte in cm				
		60/194	75/200	90/210	120/220	125/250
		W. E.				
*121.	50×80	4,85	5,08	5,34	6,05	6,42
*122.	60×90	6,00	6,31	6,66	7,52	8,02
*123.	50×100	5,67	5,97	6,28	7,11	7,56
*124.	50×130	7,12	7,49	7,90	8,83	9,43
*125.	50×160	8,35	8,81	9,32	10,42	11,16

Für Futterlichte statt Stocklichte erfolgt ein Aufschlag von 3 v. H. auf sämtliche Preise

Gehobelte

*126.	50×80	5,89	6,12	6,37	7,18	7,55
*127.	60×90	7,04	7,35	7,69	8,65	9,14
*128.	50×100	6,70	7,00	7,31	8,23	8,70
*129.	50×160	9,80	10,26	10,76	12,26	12,99
*130.	50×185	10,82	11,35	12,94	13,57	14,42
*131.	50×290	18,05	18,89	19,81	22,28	23,39

Verkleidungen

Grundlagen: 1 m³ Holz 100 W. E.
1 Gehilfenstunde 1 „ „

1 Loch Zier- oder Falzverkleidung

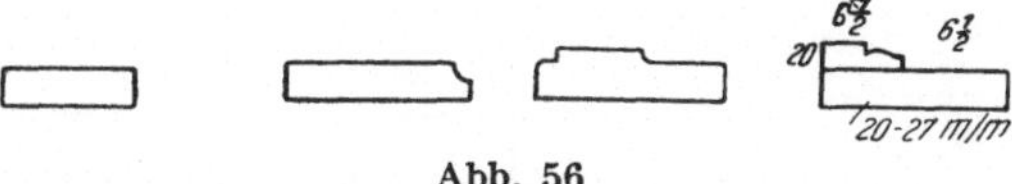

Abb. 56

		Breite	90			130			130		130 + 65		
Querschnitt		Stärke	20	27	30	20	27	30	27	35	20	27	35
		in cm	W. E.			W. E.			W. E.		W. E.		
132.	60×194		3,88	4,30	4,78	4,89	5,52	6,24	6,00	6,73	7,27	7,90	8,66
133.	75×200		4,05	4,49	5,00	5,10	5,78	6,56	6,06	6,98	7,60	8,28	9,08
*134.	90×210		4,13	4,60	5,15	5,23	5,95	6,75	6,43	7,23	7,83	8,54	9,36
*135.	125×250		5,08	5,66	6,33	6,43	7,29	8,27	7,96	8,94	9,52	10,37	11,36

Türflügel

a) Kehlstoß überschoben, Füllungen glatt 20 mm,
b)   „   „   „   weich 27 „   abgeplattet,
   oder Sperrholz 5 mm dick;
c) Kehlstoß auf Gehrung, Füllungen 27 mm abgeplattet,
   oder Sperrholz 5 mm dick;

   bei Einfüllungstüren ist:

a) überschobener Kehlstoß mit 6 mm Sperrholzfüllung,
b)   „   „   „   8 „   „
c) Gehrungskehlstoß   „   8 „   „

Grundlagen: 1 m³ Holz   100 W. E.
1 Gehilfenstunde 1 „   „

Zahl	Rauhe Holzstärke in mm	Füllungsanzahl	I 60 × 194			II 75 × 200			III 90 × 210			IV 120 × 220			V 125 × 250		
			a	b	c	a	b	c	a	b	c	a	b	c	a	b	c
136.	40	1	18,10	19,01	20,23												
137.	„	2															
***138.**	„	3	19,02	20,26	21,90												
***139.**	„	4	20,24	21,82	23,59												
140.	46	1	19,31	20,31	21,57	22,03	23,48	24,73	27,31	29,30	31,07						
141.	„	2															
***142.**	„	3	20,27	21,60	23,28	22,20	23,76	25,55	26,58	28,66	30,80	41,26	43,95	47,15			
***143.**	„	4	21,59	23,21	25,05	23,63	25,54	27,45	28,08	30,44	32,74						
***144.**	„	5							29,57	32,26	34,74						
145.	50	1				22,62	24,10	25,34	27,99	29,98	31,74						
***146.**	„	3				22,79	24,39	26,16	27,26	29,34	31,47	42,41	45,09	48,29	49,25	52,52	56,36
***147.**	„	4				24,29	26,21	28,12	28,83	31,19	33,49						
***148**	„	5							30,38	33,10	35,58						

Türen

aus **40 mm** dickem Holz mit 27 mm starker, abgeplatteter oder 5 mm Sperrholzfüllung und überschobener Kehlung (b) samt 20 mm starker Zier-
und 27 mm starker Falzverkleidung und Stock (bei gestemmtem
Futter mit 2 rauhen Stöcken)

		Grundlagen:
1 = mit glatter	9 cm breiter Verkleidung	
2 = „ „ 13 „ „ „		1 m³ Stockholz 80 W. E.
3 = „ gekehlter 13 „ „ „		1 m³ sonst. Holz 100 „ „
		1 Gehilfenstunde 1 „ „

in Stock- bzw. Futterlichte **60 cm breit, 194 cm hoch,**

		mit 3 Füllungen			mit 4 Füllungen		
		1	2	3	1	2	3
		W. E.			W. E.		
149.	mit 5 × 8 cm Stock.....	34,33	36,56	41,32	35,89	38,12	42,88
150.	mit 5 × 16 cm Stock....	38,24	40,47	45,23	39,80	42,03	46,79
151.	mit 5 × 18 cm Stock....	39,26	41,49	46,25	40,82	43,05	47,81
152.	mit 5 × 29 cm Stock....	46,49	48,72	53,48	48,05	50,28	55,04
153.	mit glattem 18 cm Futter	44,65	46,88	51,64	46,21	48,44	53,20
154.	mit ausgegr. 18 cm Futter	50,69	52,92	57,68	52,25	54,48	59,24
155.	mit gestemmtem Futter 27 bis 33 cm tief	66,08	68,31	73,07	67,64	69,87	74,63
156.	mit gestemmtem Futter 40 bis 48 cm	69,78	72,01	76,77	71,34	73,57	78,33
157.	mit gestemmtem Futter 53 bis 65 cm	80,38	82,61	87,37	81,94	84,17	88,93
158.	mit gestemmtem Futter 80 cm	83,95	86,18	90,94	85,51	87,74	92,50
159.	Abzug für Einfüllungstüren mit 6 mm Fllg. gegen 3 Fllg.						2,16
160.	Abzug für Einfüllungstüren mit 8 mm Fllg. gegen 3 Fllg.						1,25
161.	Abzug für Türen nach Ausführungsart a						1,24
162.	Aufzahlung für Türen mit Gehrungskehlstoß (c)						1,64
163.	Abzug für Spaliertüren der betreffenden Nr. bei Verkleidung 1...............................						5,25
	„ 2...............................						6,50
	„ 3...............................						9,06
164.	Aufzahlung auf **Nr. 155—158,** wenn ins Futter gehend a) Futter abgesetzt						22,92
	b) mit Rahmenstock.....................						9,54

Türen

aus **46 mm** starkem Holz mit 27 mm starker, abgeplatteter oder 5 mm
Sperrholzfüllung und Überschubkehlung (b) samt 20 mm starker Zier-
und 27 mm starker Falzverkleidung und Stock (bei gestemmtem
Futter mit 2 rauhen Stöcken)

Grundlagen:

1 = mit glatter 9 cm Verkleidung	1 m³ Stockholz 80 W. E.
2 = „ „ 13 „ „	1 m³ sonst. Holz 100 „ „
3 = „ gekehlter 13 „ „	1 Gehilfenstunde 1 „ „

in Stock- bzw. Futterlichte **60 cm breit, 194 cm hoch,**

		mit 3 Füllungen			mit 4 Füllungen		
		1	2	3	1	2	3
		W. E.			W. E.		
165.	mit 5 × 8 cm Stock.....	35,67	37,90	42,66	37,28	39,51	44,27
166.	mit 5 × 16 cm Stock....	39,58	41,81	46,57	41,19	43,42	48,18
167.	mit 5 × 18 cm Stock....	40,60	42,83	47,59	42,41	44,44	49,20
168.	mit 5 × 29 cm Stock....	47,83	50,06	54,82	49,44	51,67	56,43
169.	mit glattem 18 cm Futter	45,99	48,22	52,98	47,60	49,83	54,59
170.	mit ausgegr. 18 cm Futter	52,03	54,26	59,02	53,64	55,87	60,63
171.	mit gestemmtem Futter 27 bis 33 cm tief	67,42	69,65	74,41	69,03	71,26	76,02
172.	mit gestemmtem Futter 40 bis 48 cm	71,12	73,35	78,11	72,73	74,96	79,72
173.	mit gestemmtem Futter 53 bis 65 cm	81,72	83,95	88,71	83,33	85,56	90,32
174.	mit gestemmtem Futter 80 cm..............	85,29	87,52	92,28	86,90	89,13	93,89
175.	Abzug für Einfüllungstüren mit 6 mm Fllg. gegen 3 Fllg. ..						2,29
176.	Abzug für Einfüllungstüren mit 8 mm Fllg. gegen 3 Fllg. ..						1,29
177.	Abzug für Türen nach Ausführungsart a.................						1,33
178.	Aufzahlung für Türen mit Gehrungskehlstoß (c)..........						1,68
179.	Abzug für Spaliertüren der betreffenden Nr. bei Verkleidung 1.................................						5,25
	„ „ 2.................................						6,50
	„ „ 3.................................						9,06
180.	Aufzahlung auf **Nr. 171—174,** wenn ins Futter gehend a) Futter abgesetzt						22,92
	b) mit Rahmenstock..						9,54

Türen

aus **46 mm** starkem Holz mit 27 mm starker abgeplatteter oder 5 mm Sperrholzfüllung mit überschobenem Kehlstoß (b) samt 20 mm starker Z i e r - und 27 mm starker F a l z v e r k l e i d u n g und S t o c k (bei gestemmten Futtern mit 2 rauhen 5 × 10 cm Stöcken.

Grundlagen:

1 = mit glatter   9 cm breiter Verkleidung   1 m³ Stockholz   80 W. E.
2 = „   „   13 „   „   „   1 m³ sonst. Holz 100 „   „
3 = „   gekehlter 13 „   „   „   1 Gehilfenstunde   1 „   „

in Stock- bzw. Futterlichte **75 cm breit, 200 cm hoch**

		mit 3 Füllungen			mit 4 Füllungen		
		1	2	3	1	2	3
		W. E.			W. E.		
181.	mit 5 × 8 cm Stock	38,28	40,58	45,51	40,06	42,36	47,29
182.	mit 5 × 16 cm Stock ...	42,42	44,72	49,65	44,20	46,50	51,43
183.	mit 5 × 18 cm Stock ...	43,51	45,81	50,74	45,29	47,59	52,52
184.	mit 5 × 29 cm Stock ...	51,05	53,35	58,28	52,83	55,13	60,06
185.	mit glattem 18 cm Futter	48,93	51,23	56,16	50,71	53,01	57,94
186.	mit ausgegr. 18 cm Futter	55,00	57,30	62,23	56,78	59,08	64,01
187.	mit gestemmtem Futter 27 bis 33 cm tief	72,70	75,00	79,93	74,48	76,78	81,71
188.	mit gestemmtem Futter 40 bis 48 cm	76,43	78,73	83,66	78,21	80,51	85,44
189.	mit gestemmtem Futter 53 bis 65 cm	87,20	89,50	94,43	88,98	91,28	96,21
190.	mit gestemmtem Futter 80 cm..............	90,83	93,13	98,06	92,61	94,91	99,84
191.	Abzug für Einfüllungstüre mit 6 mm Fllg. gegen 3 Fllg. ..						1,73
192.	Abzug für Einfüllungstüre mit 8 mm Fllg. gegen 3 Fllg. ..						0,28
193.	Aufzahlung für Türen mit Gehrungskehlstoß (c)........						1,79
194.	Aufzahlung für Türen aus 50 mm Holz auf **Nr. 187—190.**						0,63
195.	Abzug für Spaliertüren der betreffenden Nummer bei Verkleidung 1 .... „ „ 2 .... „ „ 3						5,25 6,50 9,06
196.	Aufzahlung auf **Nr. 187—190,** wenn ins Futter gehend a) Futter abgesetzt...................................... b) mit Rahmenstock........................						22,92 9,54

Türen

aus **46 mm** starkem Holz mit 27 mm abgeplatteter oder 5 mm Sperrholzfüllung und überschobener Kehlung (b) samt 20 mm starker Zier- und
27 mm starker Falzverkleidung und Stock.

Grundlagen:

1=mit glatter   9 cm breiter Verkleidung   1 m³ Stockholz   80 W. E.
2= „   „   13 „   „   „   1 m³ sonst. Holz 100 „ „
3= „   gekehlter 13 „   „   „   1 Gehilfenstunde 1 „ „

in Stock- bzw. Futterlichte **90 cm breit, 210 cm hoch,**

		mit 3 Füllungen			mit 4 Füllungen		
		1	2	3	1	2	3
		W. E.			W. E.		
*197.	mit 5×8 cm Stock	43,76	46,21	51,40	45,54	47,99	53,18
198.	m. 5×16 cm Stock	48,15	50,60	55,79	49,93	52,38	57,57
199.	m. 5×18 cm Stock	˙49,33	51,78	56,97	51,11	53,56	58,75
200.	m. 5×29 cm Stock	57,20	59,65	64,84	58,98	61,43	66,62
201.	mit glattem 18 cm Futter ...	54,89	57,34	62,53	56,67	59,12	64,31
202.	mit ausgegr. 18 cm Futter...	60,97	63,42	68,61	62,75	65,20	70,39
203.	mit gest. Futter 27 bis 33 cm tief	76,96	79,41	84,60	78,74	81,19	86,38
204.	mit gest. Futter 40 bis 48 cm ...	80,84	83,29	88,48	82,62	85,07	90,26
205.	mit gest. Futter 53 bis 65 cm ...	91,79	94,24	99,43	93,57	96,02	101,21
206.	mit gest. Futter 80 cm	95,58	98,03	103,22	97,36	99,81	105,00
207.	Abzug für Einfüllungstüre mit 6 mm Fllg. gegen 3 Fllg. ...						1,35
208.	Aufzahlung für Einfüllungstüre mit 8 mm Fllg. geg. 3 Fllg.						0,64
209.	Aufzahlung für Türen mit 5 Füllungen gegen 3 Füllungen						3,60
*210.	Aufzahlung für Türen mit Gehrungskehlstoß (c)						2,30
*211.	Aufzahlung für Türen aus 50 mm Holz auf **Nr. 197—206**...						0,75
212.	Abzug für Spaliertüren der betreffenden Nummer bei Verkleidung 1						5,25
	„ „ 2						6,50
	„ „ 3						9,06
213.	Aufzahlung auf **Nr. 203—206** wenn ins Futter gehend a) Futter abgesetzt						22,92
	b) mit Rahmenstock						9,54

Türen

aus **50 mm** starkem Holz mit **27 mm** abgeplatteter oder 5 mm Sperrholzfüllung und überschobener Kehlung (b) in Stock- bzw. Futterlichte **125 cm**
breit, 250 cm hoch, 120 cm breit, 220 cm hoch, samt 20 mm starker Z i e r -
und 27 mm starker F a l z v e r k l e i d u n g und S t o c k.

Grundlagen:

1 = mit glatter 9 cm breiter Verkleidung	1 m³ Stockholz	80 W. E.
2 = „ „ 13 „ „ „	1 m³ sonst. Holz	100 „ „
3 = „ gekehlter 13 „ „ „	1 Gehifestunde	1 „ „

		mit 3 Füllungen				
		120 cm breit, 220 hoch			125 cm breit, 250 hoch		

		120 cm breit, 220 hoch 1	2	3	125 cm breit, 250 hoch 1	2	3
		W. E.			W. E.		
214.	m. 5 × 8 cm Stock	61,95	64,67	70,36	70,81	73,79	79,96
215.	m. 5 × 16 cm Stock	67,03	69,75	75,44	76,25	79,23	85,40
216.	m. 5 × 18 cm Stock	68,34	71,06	76,75	77,68	80,66	86,83
217.	m. 5 × 29 cm Stock	77,05	79,77	85,46	86,65	89,63	95,80
218.	mit glattem 18 cm Futter ...	74,72	77,44	83,13	85,33	88,31	94,48
219.	mit ausgegr. 18 cm Futter ...	81,02	83,74	89,43	91,82	94,80	100,97
220.	mit gest. Futter 27 bis 33 cm tief	98,35	101,07	106,76	110,12	113,10	119,27
221.	mit gest. Futter 40 bis 48 cm ...	102,63	105, 35	111,04	114,77	117,75	123,92
222.	mit gest. Futter 53 bis 65 cm ...	113,73	116,45	122,14	126,04	129,02	135,19
223.	mit gest. Futter 80 cm	118,06	120,78	126,47	130,89	133,87	140,04

224.	Abzug für Türen nach Ausführungsart a	2,68
225.	Aufzahlung für Türen mit Gehrungskehlstoß (c)	3,20
226.	Aufzahlung auf **Nr. 220 — 223** wenn ins Futter gehend	
	a) Futter abgesetzt	27,60
	b) mit Rahmenstock.................................	11,63
227.	Abzug für Türen aus 46 mm Holz	1,14
227 a	Aufzahlung für Eichenholzfußtritt 8 cm breit	3,58
	„ „ „ 18 „ „	4,69
	„ „ „ verst. für je 10 cm Breite	3,50

10. Türfutter

228. 1 Loch Türfutter.

Grundlagen: 1 m³ Holz　　　100 W. E.
1 Gehilfenstunde　1 W. E.

für Futterlichte in cm	glatt	ausgegründet ohne Mittelstück	gestemmt und gekehlt		mit aufrechtem und 2 Quermittelstücken	
			mit 2 Quermittelstücken			
			cm 27—33	cm 40—48	53—65	80 cm
	tief bis 18 cm					
	W. E.	W. E.	W. E.	W. E.	W. E.	W. E.
*228. 75 × 200	7,96	14,03	26,54	30,27	41,04	44,67
229. 90 × 210	8,18	14,26	27,01	30,89	41,84	45,63
*230. 125 × 250	10,91	17,40	31,74	36,39	47,66	52,51

231. Aufzahlung für jedes einzelne Quermittelstück bei ausgegründeten Futtern .... 0,60 W. E.

232. Aufzahlung für ins Futter gehende Türe mit Leistenaufdopplung... 1,50 „ „

einflügelig　　zweiflügelig

233. Aufzahlung für ins Futter gehende Türen mit Rahmenstock.................... 9.54　　　11,63 W. E.

234. Desgleichen wie Nummer vorher, mit abgesetztem Futter .... 22,92　　　27,60 „ „

Verschiedenes

bei glatten gekehlten Verkleidungen

235. Spaliertüren sind billiger als die entsprechende gleich große Nummer der gekehlten Türen um.　6,50　9,06 W. E.

236. Glastüren sind mit dem Preis der vollen Türen zu berechnen.

237. 1 m Glasleiste zu Nummer vor .... 0,25 „ „

238. Aufzahlung für einen Lüftungsflügel .... 5,10 „ „

239. Aufzahlung für doppelte Schlagleiste .... 4,90 „ „

11. Balkontüren

	Rahmen-stock	Pfosten-stock	mit Falz-leisten	Rahmen-pfostentock
	W. E.	W. E,	W. E.	W. E.
240. Balkontüren einflügelig 80 × 200 cm, einfach, ohne Oberlichte.........	37,59	42,00	—	47,35
241. Balkontüren einflügelig 80 × 200 cm, doppelt, ohne Oberlichte........	—	72,60	—	80,00
***242.** Balkontüren einflügelig 80 × 240 cm, einfach, mit Oberlichte..........	42,96	48,51	—	57,27
***243.** Balkontüren einflügelig 80 × 240 cm, doppelt, mit Oberlichte	—	86,24	—	96,15
244. Balkontüren einflügelig 105 × 200 cm, einfach, ohne Oberlichte.........	38,39	42,67	—	48,10
245. Balkontüren einflügelig 105 × 200 cm, doppelt, ohne Oberlichte........	—	75,14	—	81,80
***246.** Balkontüren einflügelig 105 × 240 cm, einfach, mit Oberlichte..........	45,63	51,67	—	60,63
***247.** Balkontüren einflügelig 105 × 240 cm, doppelt, mit Oberlichte	—	91,67	—	102,27
***248.** Balkontüren einflügelig 105 × 300 cm, einfach, mit Oberlichte..........	48,90	55,81	—	65,44
***249.** Balkontüren einflügelig 105 × 300 cm, doppelt, mit Oberlichte	—	98,39	—	109,34
250. Balkontüren zweiflügelig 125 × 200 cm, einfach, ohne Oberlichte.........	56,68	61,02	60,08	66,88
251. Balkontüren zweiflügelig 125 × 200 cm, doppelt, ohne Oberlichte........	—	105,34	104,02	112,90
***252.** Balkontüren zweiflügelig 125 × 240 cm, einfach, mit Oberlichte..........	63,87	70,17	71,00	79,50
***253.** Balkontüren zweiflügelig 125 × 240 cm, doppelt, mit Oberlichte	—	122,—	122,82	132,74
***254.** Balkontüren zweiflügelig 125 × 300 cm, einfach, mit Oberlichte..........	68,55	75,70	76,50	85,48
***255.** Balkontüren zweiflügelig 125 × 300 cm, doppelt, mit Oberlichte	—	131,33	132,10	142,50

12. Blindspaletten zu Balkontüren

mit gekehlter Zierverkleidung 12 cm breit.

für Türgröße	Tiefe		Tiefe			falls glatte Verkleidung ab
	10—15	15—20	25—30	40—45	55—60	
	glatt	ausge-gründet	gestemmt			
	W. E.	W. E.	W. E.	W. E.	W. E.	W. E.
256. bis 105 cm breit, 200 „ hoch	17,98	24,28	38,20	42,20	54,20	2,10
257. „ 105 „ breit, 240 „ hoch	20,54	27,85	43,90	48,80	62,50	2,60
258. „ 105 „ breit, 300 „ hoch	24,49	33,20	52,40	57,90	74,40	2,90
259. „ 125 „ breit, 200 „ hoch	18,62	25,15	39,58	43,73	56,18	2,20
260. 125 „ breit, 240 „ hoch	21,24	28,74	45,30	50,05	64,30	2,50
261. 125 „ breit, 300 „ hoch	25,14	34,06	53,80	59,50	76,48	3,00

13. Abschlußwände

1. Oberlichten:

***262.** 1 m² feste Oberlichte aus 50 mm dicken und 80 mm breiten Friesen mit höchstens 2 Sprossen für je 1 m (Höhe und Breite) mit beiderseitigen 60 mm breiten und 10 mm dicken Deckleisten, ohne Glasleisten....   15,10 W. E.

263. Aufzahlung für je 1 m 5 bis 8 cm breites Mittelstück   0,60 „ „

264.   „   „ „ 1 „ 5×8 cm Umrahmungsstock   1,40 „ „

265.   „   „ „ 1 „ 5×15 cm   „   2,40 „ „

266. 1 m glatte   Verkleidung   9 cm breit, 2 cm stark ...   1,00 „ „

267. 1 „   „   „   13 „   „   2 „   „   ...   1,25 „ „

268. 1 „ gekehlte   „   13 „   „   2 „   „   ...   1,65 „ „

269. Sprossen, Kreuzungen, Lüftungsflügel usw., siehe Nr. 59 bis 75.

270. Aufzahlung für 1 m Glasleiste ....   0,25 „ „

2. Glaswände:

***271.** 1 m² Glaswand aus 46 mm dickem Holz mit 1 m hoher Brüstung mit Überschubkehlung, darüber Glaslichten-teilung ohne Glasleisten wie bei Nr. 262 samt Gesimse,

Deckleisten und Sockel, ohne Türen und ohne Oberlichten, mit höchstens 2 Sprossen für je 1 m (Höhe
und Breite) .... 18,46 W. E.
272. 1 m² desgleichen wie vor, mit Oberlichten........... 17,53 „ „
373. Aufzahlung auf Nr. 271 und 272, wenn aus 50 mm Holz 0,50 „ „

3. Volle Wände:

*274. 1 m² verstemmte volle Wand aus 40 mm dickem
Holz, mit 25 mm dicken abgeplatteten oder 5 mm
Sperrholzfüllungen, Überschubkehlung, ohne Türen 19,78 W. E.
*275. 1 m² desgleichen wie vor, aus 46 mm dicken Holz .. 20,30 „ „
276. 1 „ „ „ „ „ 50 „ „ „ .. 20,65 „ „
277. Aufzahlung auf Nr. 271 bis 276 für je 1 Türflügel..... 2,56 „ „
278. „ „ „ 271 „ 276 „ 50 cm breites
Schalterfenster mit weicher 30 cm breiter Platte und
Stützen .... 11,10 „ „
279. Desgleichen wie vor, jedoch mit harter Platte...... 14,50 „ „
280. Desgleichen wie Nr. 278, jedoch 1 m breit .... 15,50 „ „
281. „ „ „ 279, „ 1 „ „ .... 21,20 „ „
282. 1 m² Wand in Feder und Nut aus 27 mm dickem
Holz, mit Gesimse und Sockel..................... 11,60 „ „
283. 1 m² desgleichen wie vor, jedoch aus 33 mm Holz .. 12,46 „ „
284. 1 „ „ „ „ „ „ 40 „ „ .. 13,50 „ „

14. Wandverkleidungen
bei einer Mindestmenge von 20 m².

*285. 1 m² Wandverkleidung aus 27 mm dicken Brettern in
Nut und Feder, gefaßt oder gestäbt, mit Sockel und
Gesimsleiste samt Unterlagslatten .... 12,21 W. E.
286. 1 m² desgleichen wie vor, jedoch aus 33 mm dickem
Holz .... 13,08 „ „
287. 1 m² desgleichen wie vor, jedoch aus 40 mm dickem
Holz .... 13,98 „ „
*287a. 1 m² Wandverkleidung aus 6 mm Erlensperrholz-
platten auf 27 mm dicken gestemmten Unterlagsrahmen aufgeleimt, samt hartem Gesims, Sockel und
Fugdeckleisten, gebeizt und gewichst .... 31,80 „ „
*288. 1 m² gestemmte und gekehlte Wandverkleidung aus
27 mm dickem Holz mit 5 mm Sperrholzfüllungen, mit
Überschubkehlstoß samt Gesimse und Sockel (Wände
unter 1 m hoch werden mit 1 m Höhe berechnet).... 17,20 „ „
*289. 1 m² desgleichen wie vor, jedoch mit eingekröpften
Stäben, aufwärts von .... 21,42 „ „
*290. Aufzahlung auf Nr. 288 bei Ausführung in Eiche,
samt einmal mit Firnis grundieren .... 140 v. H.
291. Aufzahlung auf Nr. 289 bei Ausführung in Eiche,
samt einmal mit Firnis grundieren .... 150 „ „

15. Mauersockel

		Weichholz	Eiche
*292.	1 m Mauersockel bis 15 cm hoch, aus 20 mm dickem Holz, samt Befestigung an Ziegelmauern	1,67	4,50 W. E.
293.	1 m desgleichen wie vor, aus 27 mm dickem Holz	1,84	5,04 ,, ,,
294.	1 m desgleichen wie vor, 20 cm hoch, aus 27 mm dickem Holz	2,22	6,08 ,, ,,
*295.	1 m desgleichen wie vor, 25 cm hoch, aus 27 mm dickem Holz	3,15	8,00 ,, ,,
296.	1 m desgleichen wie vor, 30 cm hoch, aus 27 mm dickem Holz	3,53	9,04 ,, ,,

(In Beton oder Klinkermauerwerk sind die Löcher bauseits
herzustellen.)

16. Tore und Windfänge

Unter 3 m² werden für volle 3 m² verrechnet.

		Weich	Föhre	Eiche
*297.	1 m² Haustor aus 50 mm dickem Holz mit 8 × 10 cm starkem Rahmenstock, geradem Sturz, einfacher Ausführung, in der Architekturlichte gemessen, samt einseitigen Deckleisten, mit 27 mm dicken Füllungen	30,90	32,78	72,35 W. E.
*298.	1 m² desgleichen wie vor, jedoch aus 65 mm dickem Holz mit 40 mm dicken Füllungen	37,59	39,79	88,79 ,, ,,
*299.	1 m² desgleichen wie vor, jedoch aus 80 mm dickem Holz, mit 8 × 12 cm Stock	44,36	47,—	104,— ,, ,,

		Weich	Eiche
*300.	1 m² Windfang aus 50 mm dickem Holz, mit Rahmenstock, einfachster Sprossenteilung, Ausführung mit geradem Sturz	25,35	58,16 ,, ,,
301.	1 m² desgleichen wie vor, jedoch aus 65 mm Holz	29,30	68,30 ,, ,,
302.	Aufzahlung für ein Gehtürl	13,00	30,00 ,, ,,
303.	Aufzahlung auf 8/10 cm Rahmenstock für 1 m' weichen 10/13 cm Stock		1 ,, ,,
304.	Aufzahlung auf 8/10 cm Rahmenstock für 1 m' weichen 15/15 cm Stock	1,—	2,42 ,, ,,

		in der Oberlichte etwa	in den Torflügeln etwa	
305.	Aufzahlung für Segmentsturz in Weichholz	15,—	20,—	,, ,,
306.	Aufzahlung für Korbbogen- oder Halbkreissturz	30,—	40,—	,, ,,

17. Fußtritte (Türschwelle)

		Weich	Eiche	
*307.	1 Stück Fußtritt bis 10 cm breit, 65 cm lang ..	—	2,43	W. E.
*308.	1 „ „ „ 10 „ „ 90 „ „ ..	—	2,78	„ „
*309.	1 „ „ „ 10 „ „ 125 „ „ ..	—	3,58	„ „
*310.	1 Stück Fußtritt, 16 bis 18 cm breit, 65 cm lang	1,80	3,08	„ „
*311.	1 Stück Fußtritt 16 bis 18 cm breit, 90 cm lang	2,05	3,65	„ „
*312.	1 Stück Fußtritt 16 bis 18 cm breit, 125 cm lang	2,39	4,69	„ „
*313.	1 m² verstemmter Fußtritt	—	28,00	„ „

18. Stiegengriffe

Grundlagen: 1 m² Eichenholz 200 W. E.

1 Gehilfenstunde 1 W. E.

		Buchenholz		Eichenholz	
	Querschnitt	gerade	geschweift für 1 m	gerade für 1 m	geschweift
		W. E.			
314.	45×50	6.—	11.—	6.80	12.—
315.	45×60	6.80	12.—	7.70	12.80
316.	55×70	8.10	12.80	9.—	13.60
317.	70×90	9.40	13.60	11.60	15.30
318.	22×80	5.10	12.—	6.—	13.20
319.	22×80	5.40	12.30	6.20	13.60
320.	22×90	6.—	13.60	6.80	15.30
321.	45×50	5.10	11.—	6.—	12.—
322.	45×60	5.50	12.30	6.40	13.60
323.	55×70	6.80	13.60	7.70	14.50

324. Aufzahlung für Ecken und Krümmlinge, je 1 Stück von 4.— bis 15.—.
325. Aufzahlung für Beizen je m 0.50.

19. Fußböden

Für Abschnitt 18 und 19 gilt die Berechnungsart mit Währungseinheiten nicht, sondern sind die angegebenen Preise gültig in Schillingen für Wiener Verhältnisse.

Die angeführten Berechnungen gelten für Mengen von 100 m² aufwärts.

Nr.
326. 1 m² Blindboden 20 mm dick, mit 5/8 cm Polsterhölzern auf 80 cm Verlagsweite................................. S 4.65
*327. 1 m² desgleichen, jedoch 26 mm dick .... „ 5.35

***328.** 1 m² Boden aus unverleimten 26 mm dicken gehobelten und gefügten 20 bis 30 cm breiten Laden samt 5/8 cm Polsterhölzern und weichen Sesselleisten .... S 9.50

329. 1 m² desgleichen wie vor, jedoch aus 40 mm dicken Pfosten „ 13.50

330. 1 m² desgleichen wie vor, jedoch aus 50 mm dicken Pfosten . „ 15.50

331. 1 m² Schiffboden aus 26 mm dickem Holz, sonst wie Nr. 328 „ 9.50

332. 1 m² Schiffboden aus 33 mm dickem Holz, sonst wie Nr. 328 „ 11.30

333. 1 m² desgleichen wie vor, jedoch aus 40 mm dickem Holz, sonst wie Nr. 328 .... „ 13.50

334. 1 m² desgleichen wie vor, jedoch aus 46 mm dickem Holz, sonst wie Nr. 328 .... „ 14.70

***335.** 1 m² desgleichen wie vor, jedoch aus 50 mm dickem Holz, sonst wie Nr. 328 .... „ 15.50

336. Aufzahlung auf Nr. 331 bis 335, wenn aus kerndurchschnittenem Holz .... 20 v. H.

337. Aufzahlung für 8/10 cm Polsterholz .... S 1.—

***338.** 1 m² eichener Brettelboden, Ia. 25 mm stark, samt Mauerfriesen und Sesselleisten, samt Abziehen und Einlassen auf vorhandenen Blindboden verlegt .... „ 21.21

339. 1 m² desgleichen wie vor, samt 26 mm Blindboden...... „ 26.56

340. 1 m² desgleichen wie vor, jedoch IIa. ohne Blindboden.. „ 20.—

341. 1 m² desgleichen wie vor, samt 26 mm Blindboden...... „ 25.35

342. 1 m² desgleichen wie vor, jedoch aus gedämpften Buchenbretteln Ia. ohne Blindboden .... „ 16.10

343. 1 m² desgleichen wie vor, samt 26 mm Blindboden..... „ 21.45

***344.** 1 m² desgleichen wie Nr. 338, jedoch würfelförmig verlegt, ohne Blindboden .... „ 25.14

345. 1 m² desgleichen wie Nr. 338, jedoch würfelförmig verlegt, samt Blindboden .... „ 30.49

***346.** 1 m² eichenen fournierten Parkettfußboden mit lagernden Muster, sonst wie Nr. 338, ohne Blindboden .... „ 53.84

347. 1 m² desgleichen wie vor, jedoch mit Blindboden .... „ 59.25

***348.** 1 m² alten Brettelboden abziehen und einmal einlassen „ 2.90

***349.** 1 m² alten Brettelboden abhobeln, abziehen und einmal einlassen .... „ 3.70

350. 1 m² alten Parkettboden abziehen und einmal einlassen, ohne Ausbessern .... „ 3.70

351. 1 m² alten Parkettboden abhobeln, abziehen und einmal einlassen, ohne Ausbessern .... „ 4.50

352. 1 m² alten Brettelboden abtragen, im selben Raum deponieren, ohne Stiften ausziehen .... „ 0.60

353. 1 m² alten Blindboden abtragen, sonst wie Nr. 352..... „ 0.50

354. 1 m² desgleichen wie vor, jedoch wieder legen........... „ 1.52

355. 1 m² alte Brettel sortieren, Stiften ausziehen und legen, samt Abhobeln, Abziehen und einmal Einlassen, ohne Beistellung neuen Holzes................................. „ 6.86

356. 1 m² Brettelboden zum zweitenmal einlassen .... „ 0.35

Die Preisermittlung der Zimmererarbeiten und ihre technisch-kaufmännischen Grundlagen. Ein neuzeitliches Hilfsbuch für die Ermittlung· und Prüfung angemessener Angebotspreise. Von Ing. **Hugo Bronneck**, behördl. autor. Zivilingenieur für das Bauwesen. Mit 51 Abbildungen sowie zahlreichen Tabellen und Zahlenbeispielen aus der Praxis. IV, 88 Seiten. 1927. RM 4,80

Preisermittlung und Veranschlagen von Hoch-, Tief- und Eisenbetonbauten. Ein Hilfs- und Nachschlagebuch zum Veranschlagen von Erd-, Straßen-, Wasser- und Brücken-, Eisenbeton-, Maurer- und Zimmer-Arbeiten. Von Gew.-Studienrat Ingenieur **M. Bazali** †, vorm. Lehrer an den Technischen Schulen in Glauchau. Vollständig neubearbeitet von Dr.-Ing. **Ludwig Baumeister**, Regierungs-Baumeister a. D. Sechste, neubearbeitete und erweiterte Auflage. VIII, 463 Seiten 1927.
Geb. RM 12,—

Der Bau- und Maurermeister in der Praxis. Ein Hilfs- und Nachschlagebuch für den täglichen Gebrauch. Von Architekt **Edmund Schönauer**, Stadtbaumeister. Zweite, vollständig umgearbeitete und wesentlich erweiterte Auflage. Mit 21 Abbildungen im Text. I. Teil: Tabellen. II, 60 Seiten. II. Teil: Preisanalysen. 55 Seiten. Empfohlen von der Genossenschaft der Bau- und Steinmetzmeister, Uralte Haupthütte, in Wien und vom Verband der Baumeister Österreichs. 115 Seiten. 1927.
RM 6,—

Material- und Zeitaufwand bei Bauarbeiten. 132 Tabellen zur Ermittlung der Kosten von Erd-, Maurer-, Putz-, Estrich-, und Fliesen-, Asphalt-, Dichtungs-(Isolierungs-), Beton- und Eisenbeton-, Zimmerer-, Dachdecker-, Spengler-, (Klempner-), Tischler-(Schreiner-), Beschlag-, Glaser-, Maler-, Anstreicher-, Klebe-, Hafner- (Ofen- und Herdsetzer-), Entwässerungs-, Brunnenmacher-Arbeiten. Von **Arnold Jlkow**, Zivilingenieur für das Bauwesen und Baumeister. Dritte, verbesserte und vermehrte Auflage. IV, 68 Seiten. (Zweifach mit Notizblättern durchschossen). 1927. RM 4,40

Kalkulation und Zwischenkalkulation im Großbaubetriebe. Gedanken über die Erfassung des Wertes kalkulativer Arbeit und deren Zusammenhänge. Von **Rudolf Kundigraber**. Mit 4 Abbildungen. IV, 58 Seiten. 1920. RM 2,50

Der Verfasser wendet sich an diejenigen, die in die Zusammenhänge eindringen wollen. Kein Lehrbuch, sondern ein Wegweiser. Der kritische Inhalt spricht zu Männern der Praxis gleichwie zu Studierenden.

Kostenberechnung im Ingenieurbau. Von Dr.-Ing. **Hugo Ritter** (Berlin). Zweite, umgearbeitete und erweiterte Auflage. VIII, 148 Seiten. 1929. RM 7,50; geb. RM 9,—

Das Buch gibt eine Anleitung zum Veranschlagen der verschiedenen im Ingenieurbau vorkommenden Arbeiten. Außer allgemeinen Angaben über die Zusammensetzung der Kosten einer Bauarbeit aus ihren Teilbeträgen enthält es zahlreiche Erfahrungswerte, und zwar sind diese durchweg ausgedrückt in Arbeitsstunden und Materialbedarf.

Der Holzbau. Grundlagen der Berechnung und Ausbildung von Holzkonstruktionen des Hoch- und Ingenieurbaues. Von Dr.-Ing. **Theodor Gesteschi,** beratender Ingenieur in Berlin. (**Handbibliothek für Bauingenieure,** IV. Teil: Konstruktiver Ingenieurbau, 2. Band). Mit 533 Textabbildungen. X, 421 Seiten. 1926.   Geb. RM 45,—

Das Buch behandelt das Holz als Baustoff, die Holzverbindungen, die Tragwerke im allgemeinen, die Dachkonstruktionen, Hallenbauten und Tribünen, Speicherbauten, Turmbauten, Brücken, Baugerüste. — Sämtliche Gebiete des Holzbaues mit ihren besonderen statischen und baulichen Eigenschaften sind eingehend behandelt.

Freitragende Holzbauten. Ein Lehrbuch für Schule und Praxis. Von Studienrat **C. Kersten** (Berlin). Z w e i t e , völlig umgearbeitete und stark erweiterte Auflage. Mit 742 Textabbildungen. VIII, 340 Seiten. 1926.
Geb. RM 36,—

Das Buch behandelt die Technik der ingenieurmäßig entworfenen Holzbauten und soll Vorurteile beseitigen wie auch Zeugnis ablegen von der Fähigkeit der deutschen Bauindustrie, sich neuen Verhältnissen wirtschaftlich und praktisch schnell anzupassen.

Lehrheft des freitragenden Holzbaues von Studienrat **C. Kersten,** vormals Oberingenieur (Berlin). Z w e i t e , ergänzte Auflage. Mit 56 Textabbildungen. 20 Seiten. 1929.   RM 0,80
25 Expl. je RM 0,75; 50 Expl. je RM 0,70

Grundlagen des Ingenieurholzbaus. Von Regierungsbaumeister Dr.-Ing. **Hugo Seitz.** Mit 48 Textabbildungen. 120 Seiten. 1925.
RM 5,70; geb. RM 6,90

Für den Spezialisten bestimmt, enthält das Buch eine systematische Zusammenstellung der bisherigen Forschungsergebnisse über die bautechnischen Eigenschaften des Holzes und Vorschläge für allgemeine Berechnungs- und Konstruktionsgrundsätze.

Holz im Hochbau. Ein neuzeitliches Hilfsbuch für den Entwurf, die Berechnung und Ausführung zimmermanns- und ingenieurmäßiger Holzwerke im Hochbau. Von Ing. **Hugo Bronneck,** behördl. autor. Zivilingenieur für das Bauwesen. Mit 415 Abbildungen, zahlreichen Tafeln und Zahlenbeispielen. XVI, 388 Seiten. 1927.   Geb. RM 22,20

Das Werk ist in drei Teile gegliedert: Grundlagen der Berechnung und Ausführung hölzerner Tragwerke. Hölzerne Bauwerkteile. Selbständige Bauwerke aus Holz. (Hallenbauten, Holzhausbau, Holzbauten für Holzindustrie und Landwirtschaft, Umbau und Wiederherstellungsarbeiten, Hölzerne Maste.)

Mahlke-Troschel, Handbuch der Holzkonservierung. Unter Mitwirkung zahlreicher Fachleute herausgegeben von Privatdozent Oberbaurat **Friedrich Mahlke** (Berlin). Z w e i t e , völlig neubearbeitete Auflage. Mit 191 Abb. im Text. VII, 434 Seiten. 1928.   Geb. RM 29,—

Das Werk enthält eine neuzeitliche Zusammenfassung der Forschungsergebnisse über das Holz, seine Entstehung, sein Wachstum, seinen Aufbau, seine pflanzlichen und tierischen Feinde, ferner seine Verwendungsgebiete im Hochbau, Wasser- und Schiffsbau, Grubenbau, Straßen-, Eisenbahn-, Brückenbau und zuletzt über Kosten der Imprägnierung und über den wirtschaftlichen Nutzen.

Das Holz als Baustoff. Aufbau, Wachstum, Behandlung und Verwendung für Bauteile. Z w e i t e , vollständig umgearbeitete Auflage des gleichnamigen Werkes von **Gustav Lang** unter Mitarbeit von Prof. **Otto Graf,** Oberforstrat Dr. **Harsch,** Dr. **Fritz Himmelsbach-Noël,** herausgegeben von Prof. Dr.-Ing. e. h. **Richard Baumann,** Vorstand der Materialprüfungsanstalt an der Technischen Hochschule Stuttgart. Mit 177 Textabbildungen. VIII, 169 Seiten. 1927.   RM 16,50; geb. RM 18,—